乡村振兴人才培养系列教材

双联免疫养蛭法

Dual Immune Leech-raising Method

宽体金线蛭的高效养殖

陈 续 著

中国农业大学出版社
China Agricultural University Press
·北京·

内 容 简 介

本教材以现代化实用性水蛭（宽体金线蛭）养殖实践教学为基础，以提高水蛭养殖成活率增产增收为目标，依据水蛭自然生长规律进行科学的人工繁育为原则，将合理化因地制宜多种模式水蛭养殖场地建设及各种指标的控制进行综合性实践梳理，结合多年的养殖经验科学的系统性的总结，并配有数百张养殖过程中的精美彩色图片图文结合，让读者一看就懂一看就会就能在现实中投入养殖生产现学现用。

从水体管理的理论经验到水蛭病害防治的实践应用，从养殖调水预防用药的属性原理到养殖生产过程中的用法用量，本教材中有大量的生产数据，可用于高等职业院校相关专业职业技术培训及专业教学教材、企业技术人员教材、专业技术服务和水蛭养殖从业者生产参考用书。

图书在版编目(CIP)数据

双联免疫养蛭法：宽体金线蛭的高效养殖 / 陈续著. --北京：中国农业大学出版社，2022.12

ISBN 978-7-5655-2916-0

Ⅰ.①双…　Ⅱ.①陈…　Ⅲ.①水蛭－淡水养殖　Ⅳ.①S865.4

中国国家版本馆 CIP 数据核字(2023)第 004863 号

书　　名　双联免疫养蛭法：宽体金线蛭的高效养殖
　　　　　Dual Immune Leech-raising Method
作　　者　陈　续　著

策划编辑　林孝栋　康昊婷　　　　责任编辑　康昊婷
封面设计　郑　川
出版发行　中国农业大学出版社
社　　址　北京市海淀区圆明园西路 2 号　　　　邮政编码　100193
电　　话　发行部 010-62733489，1190　　　　读者服务部 010-62732336
　　　　　编辑部 010-62732617，2618　　　　出　版　部 010-62733440
网　　址　http://www.caupress.cn　　　　E-mail　cbsszs@cau.edu.cn
经　　销　新华书店
印　　刷　涿州市星河印刷有限公司
版　　次　2023 年 1 月第 1 版　　2023 年 1 月第 1 次印刷
规　　格　170 mm×228 mm　　16 开本　　13.25 印张　　330 千字
定　　价　298.00 元

前　　言

水蛭养殖是一项既烦琐又需要细心、耐心的事业，又有很多“靠天吃饭”、看似“命运弄人”的因素在里面。掌握好科学的养殖技术，因地制宜科学地建设养殖场地，可以有效地控制风险，提高养殖成活率。

由于环境因素和市场供需矛盾的扩大，野生水蛭被过度捕捞，自然野生环境中的水蛭已经远远不能满足市场的需求。水蛭的高效人工养殖在全世界范围内都处于一个起步阶段，可查到的系统性养殖资料和文献少之又少，市面上、网上也有养殖方面的资料，要么太过于碎片，要么过于老旧，基本上都是20世纪八九十年代的初级经验和方法。随着中医药在国际上的认可度越来越高，水蛭价格一路稳步走高，发现新商机的人们趋之若鹜，跃跃欲试，可全国的养殖面积并未增加多少，成品干货也未有明显增长，反倒是供需矛盾越来越突出，市场空缺越来越大。

水蛭不能够人工繁育？还是存活率低？显然都不是，笔者根据多年养殖经验总结出以下两点：一是养殖从业者虽然有很好的经验和抗风险能力，但少有能力进行科学走访和系统的总结分析，自己“翻车”的情况也时有发生，少有人将已有的经验白白拱手于人，更谈不上系统的培训教学。二是养殖新手没有经过系统学习，也没有真正专业学习的地方，再加上功利心的驱使，一心只想着发财，对养殖技术一知半解、道听途说，沉不下心来，在购种选苗上只图便宜、只比价格，购得劣种、少苗情况较多，最后养殖失利！

鉴于此，笔者将自己以及养蛭团队多年的养殖经验、深度实践总结出“双联免疫养蛭法”，并申请了两项发明专利，深度阐述“水”与“蛭”的关系，缺一不可，强调“水体”免疫与“蛭体”免疫，双联免疫共同作用，才是有效提高养殖成活率的根本。本书从选种孵化到调水养苗，从病害预防管理到吊干成品销售，从水田网箱养殖到露天刀刮布养殖，从大棚养殖到吊笼养殖，深入浅出，尽可能用详细的图文、具体数据去还原技术场景，提供给新老养殖从业者、爱好者参考学习。在此也虚心欢迎各位优化指正，共同学习，共同进步。本书描述的方法和内容，在实际养殖应用中，一定要理解透彻，根据自己的实际情况去灵活运用，举一反三，切不可生搬硬套。希望自己的星星之火，可以助力于中医药产业和乡村振兴的发展。

陈　续

2022 年 9 月 10 日

交流电话（同微信）13379277009

目　录

养蛭歌

养水蛭　勤思考

懒汉不要入门道

肥水培菌又培藻

水温一定要控好

绿色小球藻

茶色是硅藻

茶褐透绿水才妙

水体酸碱6.5

最高不过7.5

下螺一定要消毒

否则螺蛳吃坏肚

勤巡水 常换水

补藻补菌补多维

氨氮亚盐不超标

水蛭高产生病少

第一章 水蛭生理学

Physiology of Leech

一、水蛭的前世今生

据记载，水蛭已至少在地球上生存了 4000 万～5 000 万年，世界上有 400～500 种水蛭，我国共有 2 目 8 科 33 属近 100 种。水蛭多生活在淡水中，少数生活在海水中，还有一些陆生和两栖品种。

体型较大的宽体金线蛭

1.水蛭的分类

水蛭，俗名蚂蟥，分为旱蚂蟥、水蚂蟥（水蛭）、寄生蚂蟥三种，前两者经常遇到。旱蚂蟥的“老巢”多在溪边杂草丛中，尤其在堆积有腐败的枯木烂叶和潮湿隐蔽的地方居多。它们平时潜伏在落叶、草丛或石头下，伺机吸食人畜血。水蚂蟥多潜伏在水草丛中，一旦有人畜下水，便飞快地游出附在人畜体表，饱餐之后离去。它们中有以吸取血液或体液为生的种类，也有捕食小动物的肉食种类。在临床上合法应用的品种主要有日本医蛭、宽体金线蛭和尖细金线蛭（俗称茶色蛭、柳叶蛭）。

2.水蛭是个“干饭王”

研究发现，为了让营养成分更多地贮存在体内，水蛭会一边吸食，一边排泄，通过这种方式挤去食物中的水分。一条不足 3 cm 长的水蛭饥饿时，只需 20 min 就会吸食 10 mL 左右的血液或体液，其吸食量是自身体重的 2.5～10 倍，进食后它们的体积也会比原来增大几倍。水蛭有超强的耐饥饿能力，充分进食后可以在之后几个月内不吃不喝。

正在吃螺蛳的宽体金线蛭

二、“再生”只是个传说

1.“再生”传说

水蛭具有极强的生命力，河流干涸后，它可以潜入泥底穴居，失去40%体重时也能生存，其顽强的生命堪称生物领域的“复活之王”。

2.用实验去伪存真

科学家为了证实水蛭横向切段仍可存活的说法，同时寻找水蛭新的繁殖方法，尝试用活体宽体金线蛭做实验，将水蛭剪成2段和3段，对伤口做清创和不清创两种处理，分别放置水和生理盐水两种环境中进行实验对比。

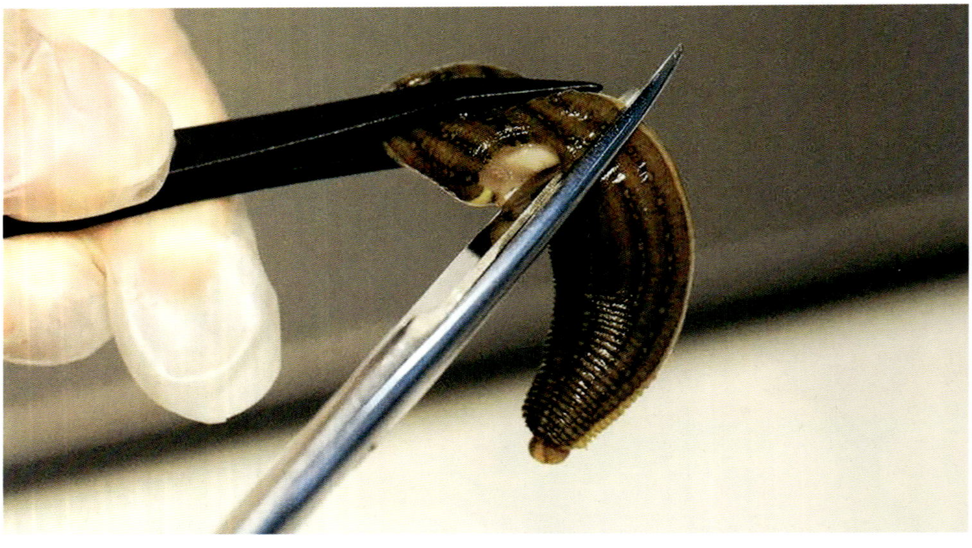

剪断宽体金线蛭用于实验

实验的结果并没有像传说的那样神奇，剪断之后的水蛭确实能存活一段时间，比如中部耐受时间为68小时、尾部耐受时间为128小时、头部耐受时间为93天。

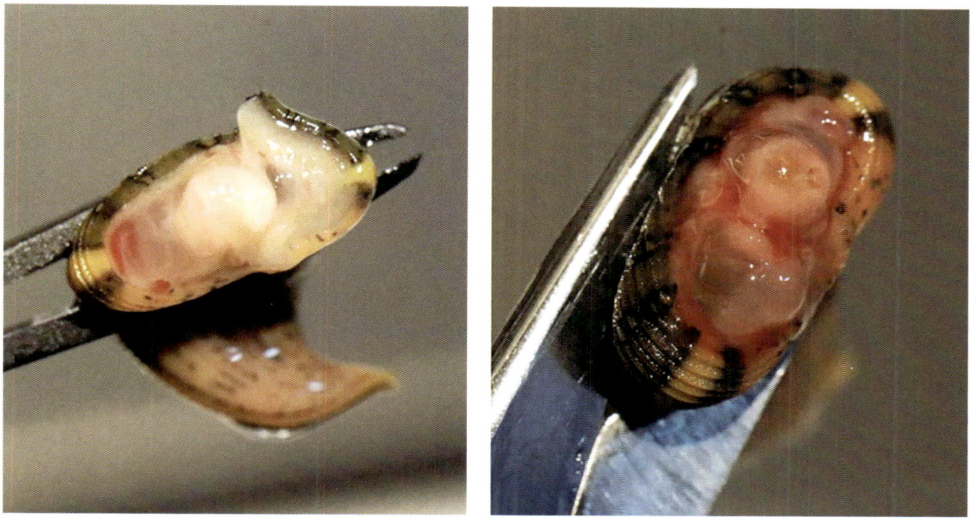

剪断后的宽体金线蛭截面

科学家还发现了一个有趣的现象，就是水蛭剪断后有自己舔伤口的行为。结合伤口的愈合情况、存活率以及存活时间来分析，水蛭唾液具有一定的抗炎杀菌使细胞修复和再生的能力。中部和尾部的水蛭没有“头部”舔伤口，所以伤口愈合较难，最终很快就死亡了，只有头部存活下来。

将水蛭剪成2段和3段后分组对比实验

三、水蛭生理系统

1. 水蛭的外形特征

水蛭呈纺锤形，扁平，长 6～13 cm，宽 0.8～2 cm。背部通常暗绿色，具 6 条细密的黄黑色斑点组成的纵线，背中线（1 条）较深。腹面淡黄色，有许多不规则的茶绿色斑点。体环数 107，环带明显。眼点 5 对排成“∩”形。前吸盘小，颚齿不发达。雌雄同体，异体交配，通过体表进行呼吸，化学感觉器发达，对水中的化学物质有强、弱、急、缓等不同反应。

2. 水蛭的双吸盘

水蛭最显著的特征就是有两个吸盘，前吸盘和尾吸盘，前吸盘较小，尾吸盘较大。口器在前吸盘上，尾吸盘的背侧为肛门，尾吸盘在水底休憩时或进行尺蠖式运动时起吸附的作用，在进行游动式运动时起划水和控制方向的作用。

宽体金线蛭背面

宽体金线蛭腹面

宽体金线蛭的前吸盘口器

宽体金线蛭的尾部吸盘

在水底运动中的宽体金线蛭

水蛭口内有三个颚片形成“Y”形，在每个颚片上各有一列颚齿。水蛭因为品种的不同，颚齿的大小和数量也不一样。当吸附于动物体表时，颚片切割皮肤钻进去，吸取血液、体液，由咽经食道贮存于整个消化道和盲囊中。身体各节均有排泄孔，开口于腹侧。

水蛭在用颚齿切割皮肤时会释放出麻醉物质，这也是被水蛭咬伤很难及时发现的原因之一，在吸食的过程中，咽腺（又称唾液腺）会分泌一种扩张血管的类组胺化合物，有抗凝血作用，可使宿主的伤口流血不止，方便吸食。

宽体金线蛭前吸盘中心呈"Y"形的三个颚齿

与非吸血水蛭相比，在我国广泛分布着一种属于无吻蛭目黄蛭科的水蛭，以螺类为食，其肌肉性的小颚上只有两行钝的齿板，没有吸血水蛭具有的单列细齿，这种结构非常适于割开螺类皮肤。

3. 水蛭的生殖系统

水蛭雌雄同体，雌雄生殖孔分别开口于腹面靠近前吸盘的一端，雄生殖孔在 33～34 环沟间，雌孔在 38～39 环沟间，雄孔在前，雌孔在后；雄性生殖器官有精巢 10 对，各有输精小管通入腹神经索两侧的输精管，输精管由后向前平行延伸至前端膨大的贮精囊，到细的射精管后进入阴茎，在射精管细管汇入膨腔处的壁上有疏松的前列腺，其分泌物可包囊精子。雌性生殖器官有卵巢一对，由两条输卵管会合成总输卵管，通入膨大的阴道末端。

已受孕的宽体金线蛭腹面环沟清晰可见

水蛭属卵生繁殖，雌雄同体，异体交配，体内受精，同时兼具雌雄生殖器官。交配时两条水蛭的腹面紧贴，头部方向通常相反，一条水蛭阴茎插进另一条水蛭的阴道内，一般是单方面输送精子给对方；水蛭繁殖过程中有"性逆转"现象，存在着性别角色的交换，一条水蛭既可以做爸爸也可以做妈妈，在不同时期扮演不同的角色。

正在相互交配中的宽体金线蛭

四、水蛭生活习性

1.水蛭的生存环境

水蛭属冷血环节动物，在我国南北方地区均可生长繁殖，喜欢生活在有机质含量丰富的稻田、沟渠、浅水、坑塘、溪流、湖沼、小河等处，嗜吸人畜及软体动物血液与体液，行动敏捷，在水中波浪式游动，在附着物上也能作尺蠖式移行。每到春暖即行活跃，到冬季往往蛰伏在近岸湿泥中，不食不动，生存能力强。

2.水蛭的生存习性

水蛭的生长适温为10～35 ℃，低于10 ℃时在泥土中进入蛰伏冬眠期，次年3—4月份高于15 ℃时出蜇活动。水蛭为杂食性动物，不同的水蛭品种有不同的进食方式，但大都以吸食动物的血液或体液为主要生活方式，常以水中浮游生物、昆虫、软体动物为主饵，人工饲料条件下以各种动物内脏、熟蛋黄、配合饲料、植物残渣、淡水螺贝类、杂鱼类、蚯蚓等作饵。

夏天夜间栖息在水面青苔上的宽体金线蛭

五、水蛭的药用历史与药用价值

1.我国古代中医药对水蛭的临床应用

据考证，我国是最早发现和记载水蛭及其医用功效的国家。早在《贾子春秋》中，就有“楚惠王食寒菹而得蛭，遂吞之，久病心腹之疾皆愈”的记载。秦汉时期，《神农本草经》记载了水蛭具有“主逐恶血，瘀血，月闭，破血瘾积聚，无子，利水道”的功效。可见，发现水蛭并用其疗疾应该是比这更早的事情了。之后历代医家对水蛭药性功效的论述及临症应用多遵神农之说，并不断有所发展。例如，南朝梁陶弘景提出水蛭具有“堕胎”作用，《本草经蘋》说水蛭的堕胎作用乃“以其有毒善破血也”，唐代《药性论》进一步强调了水蛭的逐瘀之功，谓其“行蓄血，血症积聚，善治女子月闭，无子，欲成千血痹者”。陈藏器的《本草拾遗》首次记载用活体水蛭外治疾病，“人患赤白游疹及痈肿毒肿，取十余枚令咂病处，取皮皱肉白，无不差也”。孙思邈《千金要方》中即用水蛭炒为末，酒调服，治疗“漏下，去血不止”。《本草衍义》接骨火龙丹“治折伤坠扑蓄血有功”，用水蛭活血消肿，伍苏木、自然铜理气活血接骨续筋，共治跌打损伤。对此，《济生方》载“夺命散”一方，即水蛭（用石灰慢火炒令焦黄色）15 克，大黄 30 克，黑牵牛 60 克，主治金疮打仆，内积瘀血，心腹疼痛，大小便不通，气绝欲死者。除了单味药的应用，水蛭还被用于方剂中以治疗某些妇科的疾患，例如，张仲景的“大黄蛰虫丸”“抵挡汤”、宋代《圣惠》所载的“桃仁丸”以及《鸡峰》卷十七所载的“地黄通经丸”等，多宗“神农”之说巧妙地应用了水蛭。此外，古人还发明了螟针法和水龙吸毒法，“治痈疽初作，先用笔管一个，入蚂螟一条，以管口对疮头，使其吮疮之脓血，其毒即散，如疮大须换三四条，若吮正穴，螟必死矣，累试累效”此载于《外科精要》。《仁存方》当归丸，水蛭亦为治中风良药，盖因水蛭长于化瘀通经，血行风自灭也；此方月水蛭伍桃仁、当归、酒糊为丸，活血通络，治瘀血腰痛，中风偏瘫。这些都是利用水蛭善逐瘀血之性以疗疾的方法，可谓巧妙之极！

2. 中医对水蛭的评价

中医药学常用的一个非常有趣的方法是与生命之体的生物学习性联系起来做“取象比类”的研究，对于水蛭药性的认识也是这样。古人曾取水蛭之性形象地比类水蛭的药性，“其在生血之中，犹水中也，故生血不伤也。着人肌肉，即紧贴善入。其遇坚积之处，犹肌肉也，故坚积易消也”。清代主张中西医汇通学派的代表性医家张锡纯也曾赞誉水蛭说“存瘀血而不伤新血，纯系水之精华生成，于气分丝毫无损，而血瘀默然于无形，真良药也”。

3. 水蛭在外科手术中的应用

在外科手术中发现利用医用吸血蚂蟥（日本医蛭）可以清除手术后血管闭塞区间的瘀血，使静脉血管通畅，减少组织坏死发生，为静脉血管形成侧支循环赢得时间，从而大大提高再植或移植指、脚趾、耳朵、鼻子、乳房的成功率。有利用饥饿的吸血蚂蟥（日本医蛭）为一例断指再植病人治疗术后瘀血的成功案例。

4.水蛭素的发现与应用

1884年,英国科学家Huaycrafi从水蛭唾液中发现一种在当时感觉多少有些神秘的具有抗热的水溶性抗凝血活性物质。

1904年,英国科学家成功地把这种抗凝血物质分离出来,并命名为"水蛭素"。

1955年,德国科学家Markwardt从医蛭头部分离出水蛭素纯品,此后,国外的药物科学家们对水蛭素进行了系统的生物化学和药理的研究。

20世纪60年代完成了水蛭素的氨基酸序列分析。

20世纪70年代确定了水蛭素肽链的组成和一级结构。

20世纪80年代完成了水蛭素二级和三级结构的分析。

1986年以后,国外利用基因工程技术生产出了重组水蛭素。

1997年重组水蛭素作为药物在德国上市。

5.水蛭素的现代医学应用

水蛭素作为一种极强的凝血酶活性抑制剂,广泛地用于各种血栓性疾病,例如静脉血栓、弥漫性血管内凝血、外科手术后预防动脉血栓以及心脑血管疾病的预防和治疗。临床上,为降低心脑血管疾病的发病率或突发临床事件的发生率,临床使用阿司匹林或肝素是较常用的方法,但也有研究表明,使用水蛭素的效果要远比使用阿司匹林或肝素的效果好。所以,欧美的许多专家或学术组织都对水蛭素在预防和治疗心脑血管疾病方面的潜力和前景寄予厚望,并给予较高的评价。

6.水蛭素的重要地位

因为水蛭素及其在水蛭中不断发现的其他生物活性物质所展现出来的巨大临床应用前景。所以自20世纪80年代以来,养殖水蛭和从水蛭中提取分离生物活性物质以及利用基因工程的方法重组生产水蛭素已成为一个备受关注的产业。

从传统中医药学关于水蛭药性的认识，到现代西方药物学家基于中医药学的认识从水蛭中发现、提纯水蛭素，并实现基因工程重组生产，水蛭的研究已经成了一个国际化的课题。从水蛭到水蛭素，无疑是对经典中医药学智慧的一次完美验证。

7. 地方标准：菲牛蛭

广西壮族自治区食品药品监督管理局组织有关专家通过深入细致的研究，发现本地的金边蚂蟥，即菲牛蛭，在防治人类心脑血管疾病中有特殊作用，并最终将菲牛蛭纳入《广西壮族自治区壮药质量标准》。据我国有关法律、法规的规定，只有被《中国药典》或者省级地方标准收载的中药材品种才能在临床上合法应用，因此，除标准规定外，其余众多品种的水蛭，均不具备医学临床上应用的合法资格，即不能用作制药的原料或在临床上使用。否则，即视为违法。

8. 地方标准的限制

我国药材的鉴定标准分为三级，即一级为国家药典标准；二级为部颁标准；三级为地方标准。一级国家药典标准，药典是国家对药品质量标准及检验方法所作的技术规定，是药品生产、供应、使用、检验、管理部门共同遵循的法定依据。二级部颁标准，中华人民共和国国家卫生健康委员会颁发的药品标准简称部颁标准。对药典未收载的常用而有一定疗效的药品，由药典委员会编写，批准后执行，作为药典的补充。值得注意的是，国家药品监督管理局新机构的成立，省、市相应机构也将会在归属方面有所变动。有关部颁标准、地方标准制定、发布、修改也将会有新的条文出台。三级地方标准，各省、直辖市、自治区卫生厅（局）审批的药品标准，简称地方标准。此标准系收载中国药典及部颁标准中未收载的药品，或虽有收载但规格有所不同的本省、市、自治区生产的药品，必须符合药典和部颁标准。凡不符合以上两个标准或使用其他地方标准的药材可鉴定为地区性的约束力。上述三个标准，以药典为准，部颁标准为补充，地方标准只能在本地区使用。

9.《中国药典》标准之宽体金线蛭

然而并不是所有的蛭类生物都是有药用价值且能够用来生产药品的，以我国为例，据《中国药典》收录的水蛭三个药基原分别是宽体金线蛭、日本医蛭和尖细金线蛭（俗称茶色蛭、柳叶蛭）。其中日本医蛭为吸血类水蛭，宽体金线蛭和尖细金线蛭为非吸血类水蛭。

第二章 养殖场地规划建设

Planning and construction of breeding grounds

一、选址建设规划原则

水蛭养殖在我国广泛分布，人工繁殖周期从每年的3月中旬开始至9月底，最晚10月中旬结束，可以说全国范围都能养殖，因此如何更好地利用自身资源，科学选址尤为重要。

1.安全原则

首先是安全原则，如果是南方地区，选址不能太低洼。选址应在没有水灾、污染、塌方、台风、大风风口等自然灾害频发的地方，选择一个比较安静的地方，水蛭喜静，巨大的噪声会引起应激反应。

2.土地性质原则(养殖立项的基础)

另一个容易被人忽视的安全问题就是土地性质问题。应提前咨询当地政策，以免因为法律法规、政策和自然灾害等不可抗力因素造成不必要的损失。

土地性质的安全原则非常重要，不可忽视。以合法用地、合法养殖为基础，做好养殖工作，做好乡村振兴事业，有一定规模的可以根据当地政策申报相应扶持，注意用地手续的合法化。

3.就近原则

(1)水源就近 选择常年不干涸的自然优质水域附近，如湖泊、河流、溪流、水塘、水库、灌溉渠等，在水深1.5 m以上的地方就近取水。如果离以上水源较远以及水源不稳定，可以选择自行挖蓄水池进行自造水源，可以用井水、自来水结合蓄水池的方式进行养殖(注:井水、自来水、山泉水不可以直接使用，必须经过暴晒养水调水后才能使用)。

(2)离家就近 小型养殖场、养殖户多选择离家近或选择在场地就地居住。选择离家近且交通相对便利的地方，或方便养殖管理、场地建设、用电以及运输的地方，这样可以极大地减少照看管理的时间成本，充分利用家庭成员降低用工成本。

4. 蓄水池

水蛭养殖中水源非常重要，蓄水池的位置选择更是重中之重。一是要向阳通风光照好，没有大面积的遮挡物，有利于水体中藻类、菌类的光合作用，利于调水培水。二是选择整个养殖场中最低的位置与养殖池形成落差，方便养殖池排水自然回流至蓄水池，不浪费水源循环利用。蓄水池的蓄水深度不能低于 1.5 m，最佳蓄水深度以 2～3.5 m 为宜，因为在伏天降温巡水时，蓄水池水位太浅会无法达到降温的目的。蓄水池的大小应根据养殖场的最大用水量计算，最小蓄水配比为 3∶1，也就是说蓄水池的蓄水量是养殖池蓄水量的三倍起；蓄水池最小应不少于一亩，蓄水池太小在调水的过程中容错率会较低且达不到循环水自净的作用。以不漏水的自然土池为最佳，自然土池对有害物具有天然的钝化作用，如果渗漏的比较厉害，可以在土池表面覆盖一层毛毡或泡沫板做缓冲作用，再用土工膜、刀刮布焊接施工进行防渗漏处理，预埋好排水管道，在蓄水池坏水严重时，可以进行排水换水。

利用自然土塘作为蓄水池或水源

严重漏水的蓄水池正在施工铺毛毡缓冲层

已建成的土工膜蓄水池

养殖池排水回流至蓄水池水源循环利用

5.场地安全警示

养殖场有水塘、深水水池、水井、电源等存在一定安全隐患的地方，应用围网或围栏围起来，并悬挂或竖立好醒目的警示标语，以防他人盲目闯入发生危险，提前做好安全警示义务。

二、人工孵化产床建设(干孵法)

1.产床建设要求

水蛭孵化产床场地一般采用普通温室大棚的方式，温湿度均可控，选择向阳避风位置即可。产床温室大棚规格尺寸没有严格要求，因地制宜、高度适中、方便人工工作即可。初次建产床时，规模稍大的切不可先建大棚，如果先建大棚，产床土方只能人工搬运，耗费人工，增加成本。

规划并平整好的产床基础(白色线框为大棚外沿)

初次建产床,应先规划好场地尺寸,单体大棚宽幅 6～8 m 即可,长度因地制宜根据自己的孵化量来选择,1 m^2 净产床面积投种 5～6 斤种蛭,以此计算产床大小。根据大棚产床大小定制防逃网,在大棚内可做成一个整体防逃网箱,也可做成左右两边是产床中间预留工作通道的两个或多个防逃网箱,高度为 60～80 cm,网孔为 40 目的水蛭养殖网箱,选用尼龙网材料制成长方形箱体即可,防逃网的上边缘处缝上尼龙绳,方便与基桩进行连接同时撑起固定。

2.产床土壤

产床黄土、纯土

距地表几十米的深层无菌黄土

清理干净并平整产床地面，地面最好用少量生石灰化水或二氧化氯溶液(18～20 L农用喷雾器加满清水，加入二氧化氯2 g搅拌均匀)喷洒消毒后再撑起固定防逃网，选择含沙量较少的纯土为产床土，以深层无菌黄黏土为最佳。含沙量较大的产床土可塑能力较差，多次湿水后的支撑能力降低，会导致种蛭产茧洞穴坍塌，影响产茧率；选择深层无菌黄土的主要目的是土中没有杂菌，没有有害昆虫以及虫卵，可有效防止卵茧被杂菌、昆虫吞噬破坏，也可有效减少种蛭在交配和产茧过程中感染死亡，提高种蛭回收成活率，增加营收。

对产床基础进行喷雾消毒

正在铺设防逃网

3. 建设产床

将产床土均匀地铺在防逃网箱内，垄宽 1.5～2.5 m，垄与垄之间留 20～30 cm 宽，露出防逃网形成自然排水沟，以防过分湿水后不能及时排出，并做工作通道使用，产床土层厚度以 20～25 cm 为宜，产床上土完毕后可继续搭建大棚，用透明无滴膜覆盖大棚，在外层覆盖防晒网以防温度过高，做好防风、防污染工作即可。

正在建设中的产床大棚(铺装好防逃网并且已经铺好产床土)

防逃网上的尼龙绳与基桩进行连接撑起

已建设完成的产床大棚内部 8 m×65 m 用一个防逃网分成三垄

三、养殖模式方案的选择及优缺点

1.养殖方案选择原则

在水蛭养殖模式的选择上，好多人比较盲目，从众心理比较强，再者就是对于基础建设的投资畏首畏尾，用将就凑合的心态去做。水蛭的高密度人工养殖是一个投资大风险高的行业，所以在选择养殖模式时要因地制宜，量力而行。养殖模式的选择原则第一是养殖风险可控，第二是节省人工，第三是经久耐用，第四是在投资预算范围内。

2.水田网箱水蛭养殖模式优缺点

(1)水田网箱水蛭养殖模式优点 基础建设费用低。

水田网箱养殖

(2)水田网箱水蛭养殖模式缺点 自然损耗较大。如逃跑,天敌捕杀(蜻蜓幼虫、水蜈蚣、青蛙、蟾蜍、水老鼠、水鸟等),高温天气水体难以控制水温,网箱与底泥接触易坏底,养殖密度低,成活率低,靠天吃饭概率大,起塘花费时间长,耗人工,水体面积大比较耗费药物,药物有效利用率低,需要在水面种植水葫芦等覆盖物遮阳净化水体,会导致观察巡塘不方便,不能及时发现问题。

3.露天刀刮布水池水蛭养殖模式优缺点

(1)露天刀刮布水池水蛭养殖模式优点 基础建设费用低。相对于水田网箱模式虽成本较高,但是较耐用,成本相对较低。养殖密度高,天敌少,无逃跑,自然损耗少,水体面积小高温天气水温相对可控,换水方便水质不易恶化,药物利用率高,成活率较水田网箱模式可靠,相同环境下整体收益比水田网箱模式高,工人不用下水,日常管理方便节省人工。

刀刮布露天养殖池

(2)露天刀刮布水池水蛭养殖模式缺点 相对水田网箱模式首年投入成本较高,需要在水面种植水葫芦等覆盖物遮阳以净化水体,会导致观察巡塘不方便,不能及时发现问题,起塘花费时间长,人工消耗大。极端高温天气控温能力不足,需要搭建临时防晒网及凉棚。

4.大棚水蛭养殖模式优缺点

(1)大棚水蛭养殖模式优点 相对于其他模式,各项指标可控性较高,遮雨遮阳,应激反应少,养殖密度较高,无天敌,无逃跑,自然损耗少,水体面积小,易于巡塘观察,能够及时发现问题,遇上极端高温天气水温易可控,换水方便,药物利用率高,成活率高,不论天晴下雨均可在棚内工作,多数情况下工人不用下水工作,日常比较好管理,节省人工成本,清塘起塘较方便。

大棚养殖场地俯视图

(2)大棚水蛭养殖模式缺点 首年投资较高,在黑白膜或用无滴膜加防晒网遮阴效果较强的情况下会导致棚内光照不足,水体自然净化能力弱,水质恶化较快,换水巡水频次高时,需要曝气增氧设备,用电量比其他模式高。要注意遮阳降温与光照不足之间的矛盾。

5.深水吊笼水蛭养殖模式优缺点

(1)深水吊笼水蛭养殖模式优点 吊笼属于全封闭养殖模式,自然损耗较少,存活率高,水体较大较深,不易发生质变,且吊笼悬空,不触底无坏底现象。

湖库深水吊笼养殖

(2)深水吊笼水蛭养殖模式缺点 只能养满月以上至青年的水蛭苗，个体重量最好 1.5 g 起，需要精养池的配合。投资成本较高，对场地比较挑剔，蓄水、用水量大，养殖密度低，日常管理工作需要下水划船，比较耗费人工，人工成本较高且人工安全性低。投食、清笼比较烦琐，药物有效利用率低，水体大，调水成本高，遇长期阴雨天、暴雨天会导致应激反应大，易逃跑。

吊笼养殖作业中

四、水田网箱模式场地建设

(1)水田网箱模式构成要件 水田网箱模式的基础建设由水田土池、控水系统、钢管基桩、钢丝拉线、网箱等部分组成。水田深挖深度约1.5 m，占地面积约2亩/个为宜，池塘土地要平整，蓄水深度达到1 m，土堤岸3周挖宽20～30 cm深20 cm排水沟(进水口边除外)，出水口略低，进水口略高，幅度为5°，出水口与进水口对角安装。出水口要求至少1根160 mm口径水管，并安装旋转排水立柱，用直角弯头水平插入水池内的排水管使另一头垂直向上，再用一根1～1.2 m高排水管垂直插入弯头内即可。弯头不要打胶，此时垂直立管可以左右各90°旋转，以不同的角度去控制不同的水位；排水沟一定要低，能顺利排水。进水口要求至少2根100～110 mm口径管，分别在上水岸边等距安装，达到快速换水、降温均匀的目的。

已深挖好水田左池已做好钢丝拉线的待用养殖场地

(2)钢管基桩及拉线　将直径至少 7 cm 高 1.5 m 钢管在岸边及对岸打桩，高度尽量一致，一般露头 20 cm，在桩头打孔，方便穿钢丝，桩距以 2 m—2 m—1 m 循环排列，2 m—2 m 为挂网间距，网箱两两相靠，1 m 为工作通道距离，钢丝离塘底高度为 1.1 m(网箱高度为 1 m 预留 10 cm 下坠空间)。先用 1 m 规格直径 4 mm 以上热镀锌钢丝穿过钢管桩头孔对折并用不锈钢卡扣锁死，用镀锌收紧器连接(收紧器放到最松位置挂网受力后收紧)，钢丝拉线连接收紧器(拉线规格直径 4 mm 以上热镀锌钢丝)至对岸桩基收紧器，用紧线器收紧并用卡扣锁死即可。

镀锌收紧器连接示意图

(3)竹桩支撑挂网　在钢丝拉线上每隔 4 m 立一根竹桩作为支撑，保证挂网水平，也就是在每个网箱的四角上各立一竹桩作为支撑点，竹桩斜 95°打入塘底 30 cm 深，呈倒“八”字形，两端距塘堤岸 50～100 cm 宽。网箱尺寸为 2 m ×4 m，高度 1 m，网孔密度 40 目，网箱尼龙绳与竹桩和拉线钢丝扎紧，并用尼龙扎带与拉线钢丝等距扎紧。

钢丝拉线上支撑竹桩

(4)网箱投放密度 网箱 2 m×4 m,常规养殖网孔密度为 40 目,投放密度为 900～1 500 尾,一亩地可以放置 55～60 个网箱。40 目的水田网箱不适合养殖开口苗,建议以 6 500 尾/斤以下月苗和青年苗喂养为主,网箱目数较低孔径大,小苗易逃跑;养殖幼苗、开口苗需要 80～100 目的网箱。

已投产使用三年以上的网箱

五、大棚模式场地建设

1.大棚模式构成要件

大棚模式由土池、刀刮布水池、水池支撑钢构、供氧系统、上下水系统以及大棚组成。此大棚与传统的温室大棚、蔬菜大棚有着本质的区别，温室大棚和蔬菜大棚多用于保温保湿，而水蛭养殖大棚是为了降温、遮阳、遮雨。

正在建设中的养殖大棚

2.大棚膜布

(1)膜布、网材的选择 水蛭养殖大棚膜布在北方用透明无滴膜加防晒网覆盖，在南方用黑白膜、绿白膜覆盖，最好用透光率10%～20%的绿白膜，要根据当地的气温及早晚温差进行科学选择。用黑白膜时白膜朝外反光可有效减少太阳热量吸收，黑膜面朝内起到吸光遮阳、降温作用，不考虑成本的情况下也可以用双层黑白膜，棚里棚外都是白膜，反光、隔热、控温效果更好；使用透光率10%～20%的绿白膜，绿膜朝内，白膜朝外，起到增加水体光照和反光不吸热的作用。如果是育苗精养棚用透明无滴膜配合遮阳网、防晒网效果更好(遮阳网、防晒网应采用遮光率在80%以上的高密度新料网材,新料材质具有耐高温、使用年限久、抗风能力强、柔韧性较好的特点),方便升温育苗,透光性能好,对水体的光合菌、藻类起到保温和光合作用,可有效延长换水周期,长时间保持水质。

透光率10%～20%的绿白膜+透明无滴膜

用黑白膜覆盖的养殖大棚内部效果

(2)膜布的遮阳与保温 育苗带养苗的精养殖，或是在北方地区和温差较大的山区养殖，要使用透明无滴膜配合遮阳网的方式覆盖大棚；大棚两侧安装升降卷帘器，方便透明无滴膜的起落，方便通风降温或春秋季节夜间保温。遮阳网用两个卷帘器置于大棚最顶端，在早晚或阴雨天将遮阳网卷起增加水体光照的作用。

遮阳网＋透明无滴膜

3.大棚模式优势特点

大棚模式最有效的特点就是通过控温、遮雨减少应激反应，在夏天持续高温季节能有效降温，把水温控制在 25～28 ℃，这也是水蛭快速生长的最佳温度。再加上大棚控温、遮雨效果明显，工人在没有高温和雨水困扰的环境中工作可做到有效精细化管理，增产增收。在这里我们以单体大棚的建设方式为

大棚肩高及两侧上下通风口间距

例，连体大棚造价高，且较单体大棚通风性差很多. 建造连体大棚需多留通风口。连体大棚棚内刀刮布水池的建造和单体大棚相同。

4. 大棚模建造第1步规划设计

(1)大棚规划 平整好土地，先规划大棚、水池的方位大小，单体大棚的宽幅要求以 8 m 为宜，顶高不低于 2.8 m，两侧肩高不低于 1.5 m，两侧上下通风口通风卡槽间距不低于 1 m(上下卡槽间距尽量做大，这是大棚两侧通风的关键口)，大棚长度因地制宜，根据当地气候特征决定抗风能力及冬季的抗雪能力。如果选择的养殖地碎石块、沙土、渣土较多，大棚钢管直接插入土中不牢靠，且经常会有大风，在做大棚钢管基桩的时候，要考虑提前做好混凝土钢管基桩预埋，以防大风灾害掀飞大棚。规划预留好大棚的大小先不建造大棚，要提前规划刀刮布水池位置大小以及上下水管系统，通常一个水池面积建议在 50～100 m^2 为宜，采用中间留通道，两侧布水池的布局模式。

规划好大棚正在施工的养殖场地

（大棚沟道中已做水泥基础防风预埋处理）

正在施工建设中的养殖大棚

已建成后的大棚模式养殖场地

(2)养殖池规划

例 1　以 8 m 宽 55 m 长大棚为例,可建造 4 个刀刮布水池;大棚前后端各预留 1 m,4 个水池呈长“田”字形布局,中间纵向工作通道 1.4 m 宽 55 m 长,中间横向工作通道 1 m 宽 8 m 长,呈“十”字形置于大棚平面中间,两侧各留 40 cm 观察通道,余下的 4 个水池大小为 2.9 m 宽 × 26 m 长,每池面积 75.4 m^2,4 个水池总面积约 301 m^2。

例 2 以 8 m 宽 40 m 长大棚为例，可建造 2 个刀刮布水池；大棚前后端各预留 1 m，2 个水池呈左右各一纵池布局，正中间工作通道 1.4 m 宽 40 m 长，两侧各留 40 cm 观察通道，2 个水池大小为 2.9 m 宽×38 m 长，每池面积 110.2 m^2，2 个水池总面积约 220 m^2。38 m 长的池子在做土池的时候一定要注意地面要尽量找平，否则会出现两头上水高度不一致的情况。

8 m 宽 40 m 长大棚建造 2 个刀刮布水池中间为 1.4 m 工作通道(未做下沉土池)

5. 第 2 步挖掘土池及土池的物理作用

(1)土池的建造 根据第 1 步 4 个水池的大小设计，先用挖掘机挖深度为 50～60 cm 的长方形坑体，挖出下水管道土渠，人工在坑体底部用水平工具找平，底部要求平整水平，底部中间开深 5～20 cm、宽 15～25 cm 的水槽，深 5～20 cm 为渐变深度，上水口为 5 cm 深逐渐挖至下水口为 20 cm 深的排水浅"U"形斜沟，此沟的作用一是坡度有助于迅速排水，二是方便清理螺丝。四面土壁修整平整土池挖掘施工完毕。千万不要用水池底部整体去找坡度，这样会造成下水口上水过多溢出，而上水口水深不足的尴尬局面，影响养殖效果。

挖掘机正在施工中的土池

正在修整中的土池

土池挖好之后无大型设备入内时，可以建造大棚，如果是南方昼夜温差小，大棚膜布可离地 1～1.2 m 不用落地，北方在养殖初期和末期昼夜温差大，安装卷轴方便膜布落地夜晚保温。

修整好的土池边角

(2)土池物理原理　刀刮布水池高度1 m，半下沉式安装在土池内，土池的主要作用一是用于支撑刀刮布水池，起到承重、承载四壁水张力的作用；二是利用坑式泥土的自然吸热降温、蓄热、保温的物理作用，在白天辅助吸收水的多余温度，起到降温作用，在夜晚利用土地散热慢的效应，将白天吸收的温度逐渐释放出来起到保温作用，有效减少温差，利于水蛭的生长。

还没有精修的土池与大棚半成品

6.第3步安装刀刮布水池

(1)刀刮布水池规格要求　在生产厂家根据土池大小定做使用寿命5年以上的高质量刀刮布水池，刀刮布原材料每平方重量不低于500 g，池高1 m，内侧上边缘做好水平防逃网，配备配套的下水法兰，法兰口径100～160 mm，距下水端池壁，正中50 cm处开孔安装。

(2)安装刀刮布水池　购买镀锌钢8分圆管（外径约32 mm，有的地方也叫一寸管）壁厚1.5 mm以上钢构管材，用于支撑刀刮布水池，根据刀刮布水池的边长和边宽长度延长15～20 cm计算并切割横杆，把刀刮布水池拉平铺好在土池里，四周穿好横杆，横杆中间用直管直接连接，切割1.35～1.5 m作为立柱，根据养殖场土地的软硬程度决定立柱的高低，土地较硬支撑力好时用 1.35 m 即可，泥土较软容易下陷用 1.35 m 以上最长 1.5 m 即可。立柱间距 1m，垂直从土池底部紧贴池壁打入土中，绷线找平露出 1.05 m 的水平高度，刀刮布水池高 1 m，立柱高 1.05 m，多出 5 cm 作为上水后下陷的余量，顶端打孔用鸭嘴卡夹抱箍或卡夹抱箍与横杆“T”形连接，用螺丝钉内外锁紧，四角分别余出 15～20 cm，用十字管双“U”形抱箍固定，将刀刮布水池底部及四周拉扯平整，接好下水法兰、下水管、池内排水立柱、上水管、曝气增氧系统即安装完毕。

刀刮布水池立柱正在施工中（此场地因地势较低排水坡比问题没有下挖土池）

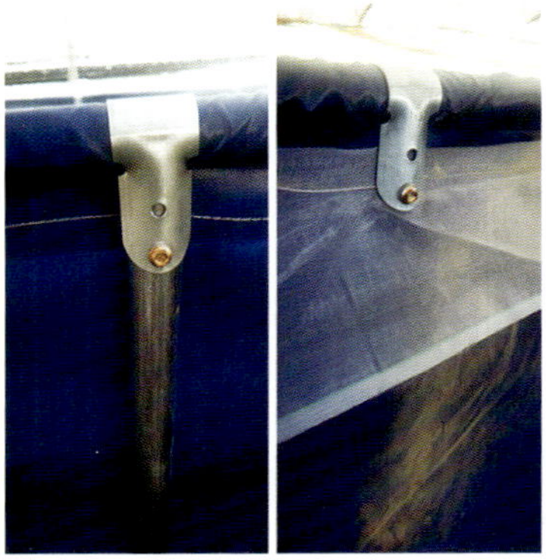

卡夹抱箍与立柱、横杆连接
安装刀刮布水池内外示意

十字管双“U”形抱箍固定刀刮布水池四个角

7.排水立柱的作用和安装方法

(1)排水立柱的作用　池内排水立柱非常关键,排水、换水、巡水均可用到。在养殖初期水位较低,可以低水位排水换水,中后期高水位巡水、低水位排水换水等。收获时排干池水,既可以自由控制水位,排水换水时又起到防逃作用,是刀刮布水池在日常工作中人工控制用到最多的地方。

(2)常用排水立柱的优缺点　常用的排水立柱有两种,分别是:"S"形自由旋转排水立柱和多节式排水立柱,各有优缺点,可以根据自己的实际情况进行选择。"S"形立柱安装以及高低水位操作均简单,缺点是易堵塞、固定不好易自动上浮耽误排水,或上水、巡水时无人照看自动上浮造成溢池导致水蛭逃跑,"S"形立柱建议法兰口径为 110 mm。多节式立柱建造略复杂,高水位时操作简单方便,低水位时不容易拔出,只能固定 1～3 节,也就是说水位只能在这 1～3 节之前调节,优点是排水快不易堵塞,排水、巡水可无人值守,多节式立柱建议法兰口径为 110 mm 及以上。

(3)"S"形自由旋转排水立柱安装方法　以法兰口径 100 mm 为例。准备两节 110 mm 直角弯头和 110 mm 排水管,先切割两节长 10 cm 排水管,将其中一节垂直插入池内法兰排水口,垂直安装一个直角弯头,再用另一节 10 cm 长排水管水平插入安装好的第一个直角弯头内,水平安装第二个角弯头,此时第二个角弯头开口垂直向上,再切割长 70～80 cm 排水管垂直插入即可;最上部也可以安装一个变径直接头,比如 315 mm 变 110 mm,这样可以增加与水体的接触面积,有效增加排水量并减少淤堵。需要注意的是各关节不需要打胶,保持最后插入的长管可以垂直、水平做 90°关节式自由旋转运动,以不同的倾斜角去自由控制水位的高低和排放水,用网布或细纱布包裹并用细铁丝多层扎紧上口部做好防逃,在排水时注意及时清理堵住网口的污物和吸入的水蛭、螺蛳。在旋转立柱时切忌太用力,以防关节脱落造成水蛭逃跑,经常检查关节处的安装情况。在外排水口也可安装网兜,兜住意外被吸出的水蛭,减少损失和防止意外的发生。

"S"形自由旋转排水立柱以及 315 mm 变 110 mm 变径直接头安装防逃网下水口

(4)多节式排水立柱安装方法 以法兰口径 110 mm 为例，第 1 步先做防逃装置，用直径 6 mm 钢筋焊接成一个长、宽各 60 cm，高 85 cm 的矩形体(中间最好多加几圈加固，以防水的压力撑破防逃网)，除上开口外，其他 5 面用防逃网布单层裁剪拼接并用缝纫机锁边成矩形方桶状。打开法兰上螺口盘，将矩形防逃网(先不要套入矩形钢筋体里面)及刀刮布水池的下水开口位置套入，锁紧法兰螺口盘，上好法兰螺丝并锁紧，这样就会将底面开口的防逃纱网及刀刮布死死地压入法兰上下盘口之间以防渗水漏水，用美工刀沿法兰盘口内侧开直径 110 mm 圆孔，这样既安全又准确，最后套入矩形钢筋体到矩形防逃网内，用尼龙线上边缘锁边即可，由此防逃装置安装完毕。

矩形防逃装置及其底部

第 2 步安装管节，准备 1 个 110 mm 口径直接头和 110 mm 口径两节长 50 cm 和 1 节长 30 cm 的排水管。将第 1 节 50 cm 的排水管垂直插入防逃装置内的法兰排水口，安装直接头，再将第 2 节 30 cm 的排水管垂直插入安装好的直接头，排水装置安装完毕。以上尺寸都可以根据自己的实际情况进行灵活调节，排水、巡水时拔掉上关节，需要排干底部水时将所有节点全部拔掉即可，也可以多备几节以调节不同水位。多节式排水立柱外围有矩形防逃装置，和水的接触面积较大，不易堵塞，排水比较顺利，有条件的可以都用多节式排水立柱。平常多检查底部与法兰接触的防逃网是否开裂、脱落以防水蛭逃跑，也可在外排水口安装防逃网兜。另外一节长 50 cm 的管节将一头从 5～6 cm 的位置用口径 20～25 mm 的钻头进行一圈均匀开口，可以开 2～4 圈，用作替换另一个 50 cm 的管节排水池底水时使用。

多节式排水立柱

8.第4步安装给水系统

(1)给水系统管路规划要求 给水系统在整个养殖场地的综合规划中应根据水源特点重点规划，根据养殖面积的大小，决定给水管径的大小、水泵的口径扬程上水量等，在给水方面一定要用标准的PE给水管道(水源地高度落差很大的供水主管道建议用给水钢管)，主管道口径不低于DN100(外径100 mm或称为4寸)，承压不低于0.6 MPa(约6公斤压力)，管道挖沟埋于地下，应用专业的热熔方式进行焊接。如果用将就的心态做给水系统，虽然成本低但使用周期短，渗漏会时常发生，修补耗费人力和材料，在夏天的高温季节一旦爆管，抢修不及时将损失惨重。

给水主管道200 mm PE及75 mm养殖池上水管道正在施工

(2)设置双水泵或备用水泵 一定要准备好备用水泵，最好是同时安装双泵，每泵安装闸阀互为备份，可以双泵供水也可以单泵供水。设置双水泵或备用水泵的用意在于，水泵的故障率高，维修周期长，应未雨绸缪做好备份。刀刮布水池单池面积小、上水量小，刀刮布水池的单池上水管用 75～100 mm 管径上水即可。水池上水管置于上水一侧中间位置，可紧贴刀刮布水池，高度比水池略高或紧贴，接直角弯头和球形阀门，做到单池单控。单池上水量应不低于 10 m^3/小时。

75 mm PE 上水管正在上水

(3)设置深浅泵 在同时安装双泵的情况下，可以设计为一深一浅；一泵触底或深 2～3 m，一泵悬于水面下 0.8～1.2 m，两泵落差最好在 1～2 m。如此设计的目的在于，深泵在水下 2 m 以下的深水处平均水温较低，在高温季节或极端高温天气能起到良好的循环水降温作用；而浅泵抽取的是水源表面水，在低温季节可以起到升温作用(水表面温度高于水底温度)，在水体溶解氧不高的情况下，可以用浅泵循环水起到增加溶解氧的作用，在正常情况下，水体的溶解氧上层高于下层。

如果因条件限制或预算有限安装的是单泵，也可以设置深浅泵。用钢管支架、倒链、钢丝绳将水泵吊起来悬于水中，倒链可以将水泵进行上下深浅调节，达到双泵的效果。

其他形式的养殖模式都可以参考此法进行科学养殖。

9. 第5步安装曝气增氧系统

(1)曝气增氧的作用 增氧机增氧在水蛭养殖和整个水产养殖中其实是个伪命题，养殖池水中溶解氧的80%以上来自水体生物的光合作用，起到曝气和物理活水模拟微流动的作用，对大棚养殖中为了降温导致光照不足、空气流通差等起到一定的辅助作用。曝气增氧的主要作用是将水体中的各种溶解气体通过曝气的方式使其逃逸出去，水中溶解气体过多，不管是非常需要的溶解氧，还是其他有害气体，含量过高都会是造成水蛭气泡病的潜在威胁。

正在焊接刀刮布养殖池增氧管道三通接口

(2)曝气增氧系统的建设安装 根据养殖面积的大小选择不同功率的旋涡风机、高压风机作为曝气系统的动力源，一般三相电2～4 kW功率大小居多，也较实惠，以三相电3 kW功率为例，大约可供刀刮布水池面积500～700 m^2。面积大、水池多时可选用多个高压风机，以并联方式分棚分池安装。主管道直径为

三通及宝塔头

马蹄形粗砂曝气石

50～60 mm，水池分管道直径为 25 mm，每池安装一个球形阀门单池单控，用三通宝塔头管连接 10 mm 内直径透明或网纹曝气管，末端连接特大号马蹄圆柱形直径和高度均在 5 cm 左右或直径 10 cm 厚度 2.5 cm 左右的圆饼形粗砂曝气石并置于池中（不可选择曝气孔较大的曝气盘、曝气条、曝气带，以上物料虽然曝气效果好，但盘管壁上的曝气孔大多在出厂时就开口较大，青年苗以下水蛭会钻入造成堵塞并在管内死亡，可以自制或选择曝气孔较小的曝气盘使用），每 2.5～3.5 m 安装一个粗砂曝气石，各接口节点双面打胶严防漏气。最好使用 PE 材质管材，成本稍高但使用时间长、稳定性好、密封性好。

功率 3.8 kW 高压旋涡风机出风口与 50 mm PE 曝气主管的金属软连接密封安装

金属软连接与 50 mm PE 曝气主管采用承插式热熔焊接并安装 50 mm 球阀

25 mm 养殖池增氧管道中间用三通连接宝塔头来分流

养殖池增氧管道末端用90°弯头连接宝塔头做末端分流

功率3.8 kW高压旋涡风机分流240个马蹄形粗砂曝气石曝气效果

六、露天刀刮布水池模式场地建设

1.露天刀刮布水池模式的构成要件

露天刀刮布水池由土池、刀刮布水池、水池支撑钢构、上下水系统组成。大棚模式是露天刀刮布水池模式的升级延伸版，或者可以理解为露天刀刮布水池模式是大棚模式的简化版，除了没有大棚、曝气增氧系统外与大棚模式相同。此模式露天养殖通风好、光照足，水体光合作用同自然水体一样，无须曝气增氧系统（详细建造过程参考大棚模式）。

2.露天刀刮布水池模式的建造

露天刀刮布水池模式在初期设计时因为没有大棚占地，可以有效地利用土地，中间工作通道宽 1.5 m 左右，观察通道宽 0.7～1 m，上水之后用土将露出地面的刀刮布水池边缘逐步加高呈反斜坡状，以防雨水灌入土池。6 月份以后水池需要用水葫芦 100％覆盖，用于遮阳降温同时净化水体；也可创新式的用白色水培蔬菜定植板，覆盖水面同时种水培蔬菜，蛭、菜一举两得。如果水体温度还是持续超过 30 ℃，可用钢管、竹竿、木桩、铁丝或防晒网搭建简易防晒棚，防晒降温。

七、深水吊笼模式场地建设

1.深水吊笼模式的构成要件

吊笼模式的基础建设由养殖池、控水系统、钢管基桩、钢丝拉线、吊笼等部分组成。对养殖池的要求是水底干净、水深 1.5 m 及以上、水位高低可控。

正在搭建中的深水吊笼(水深 5～7 m)

2.深水吊笼模式的建造

钢管基桩、钢丝拉线、控水系统的建造方式同水田网箱模式一样，钢管基桩的距离为 1.2～2 m，以此循环，2 m 为工作通道，也可根据养殖船的大小进行自定义工作通道。钢丝拉线离水面约 1 m，并根据实际情况在水中用竹竿撑起钢丝拉线。吊笼的规格有两种：一是圆柱状顶部收口成圆锥体，上下钢圈直径 80 cm，圆柱体高度 1 m，顶部圆锥状收口高度 40～50 cm，整个吊笼的高度约为 1.45 m，网孔密度 10～20 目，吊笼收口绳系于钢丝拉线，吊笼垂直浸入水中 80～90 cm，即上钢圈高于水面 10～20 cm；二是整体呈圆柱状，上下钢圈直径 80 cm，笼高 1.2 m，顶部呈平、圆收口，起防逃作用，收口洞直径约 50 cm，吊笼挂绳固定在上钢圈上，网孔密度 10～20 目。此种吊笼特点明显，平行于水面的防逃网防逃效果较好，笼身较高时有更深的吃水性，吊笼垂直浸入水中 90～105 cm，即上钢圈高于水面 15～30 cm。每亩水域可挂 400 笼左右，根据拉线的长短，离岸边 1～2 m，按 1～1.2 m 距离挂笼。

搭建完成的深水吊笼(水深 5～7 m)

湖库水面深度、涨落不可控，可以用浮筒、浮箱加上钢管扣件的方式进行建造，也可以通过浮桥或养殖船进行作业，吊笼间距和密度可根据实际情况进行调整。注意打好地锚连接近岸。

投产养殖中的深水吊笼

第三章 选种与孵化

Seed selection and incubation

一、如何选择种蛭及避雷

1.选种标准

选种以选择健壮光泽、颜色分明、条纹清晰、无伤、活力强、身体干爽黏滑、规格中大、已交配受孕、有明显孕带的野生种蛭为佳，一年生人工养殖越冬种蛭次之。个体重 15～25 g，用手捏迅速收缩成板栗状，易扒边、窜逃，这样的水蛭产茧量多，出苗率高，出苗大且健壮，母体死亡率低，活体种蛭回收率高。查看水蛭腹面以生殖器为中心出现大面积明显区别于体色的黄色孕带为已受孕体。如选择 15 g 以下的偏小种蛭，同等环境下产茧量和出苗率都略高于个体重 15～25 g 的种蛭，但出苗偏小、偏弱。

活力强的种蛭收缩成板栗状

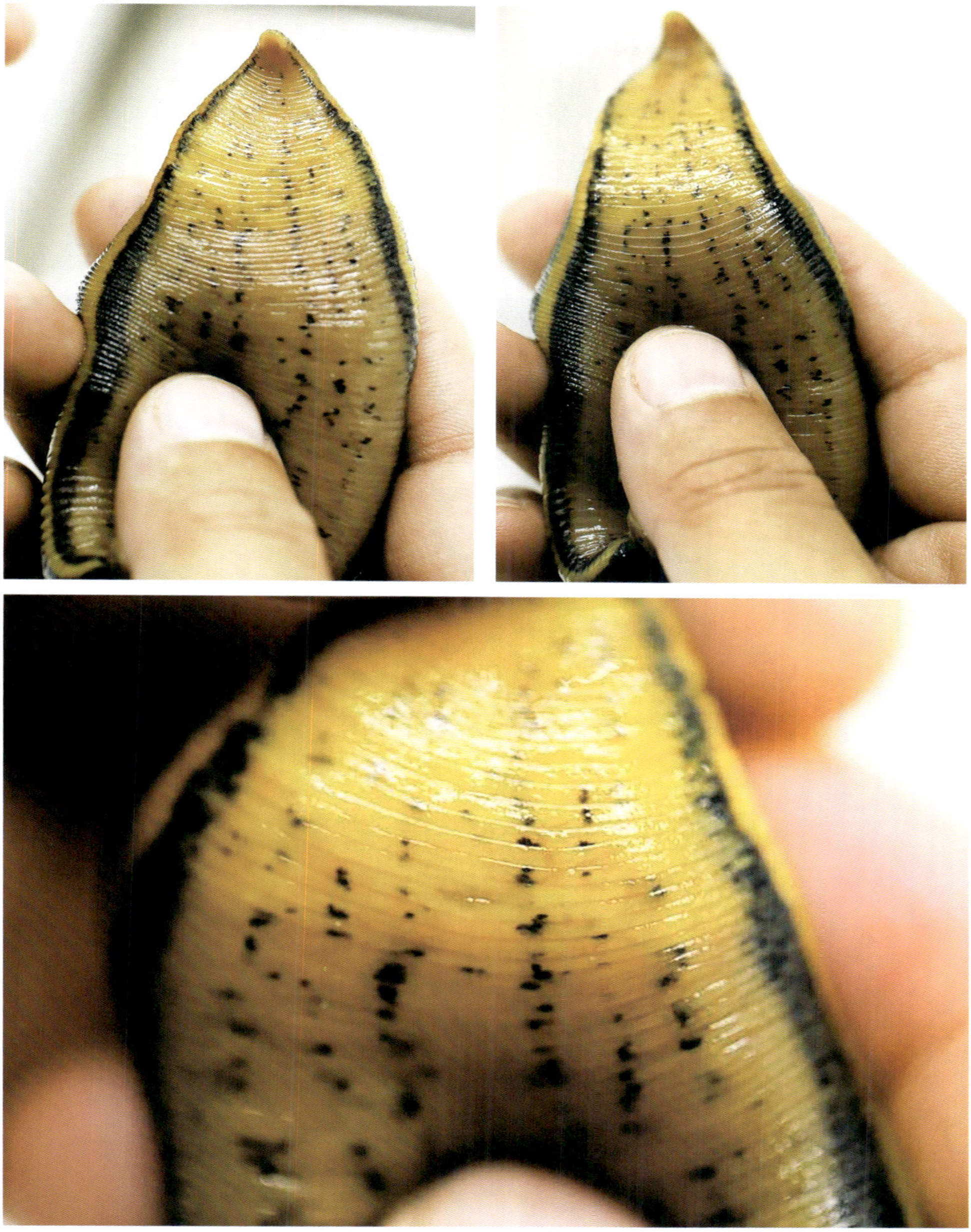

上三图所示为种蛭生殖器周围明显黄色孕带为已受孕待产

2. 种蛭运输

运输种蛭时不可加水、加冰或者带水运输，运输箱中水蛭的厚度不要超过15 cm，冷藏运输的情况下温度保持在15 ℃左右为宜，要保证运输箱通风透气，用比较便宜的、气味刺激性大的牙膏均匀涂抹于箱体上口沿处，涂抹带宽5 cm左右以防止水蛭逃跑，长途运输过程中，应每隔3～4小时重新涂抹一次。

装箱准备运输的种蛭

装箱运输中的种蛭状态

3. 暂养恢复

将收回的种蛭消毒处理(种蛭消毒参考种蛭消毒及投种量),在精养池中暂养 3～5 天(精养池参考精养池的要求),并在池中投入适量螺蛳,水温控制在 20～25 ℃,水深 40 cm 左右,用多维和葡萄糖提升种蛭抗应激水平,增强营养恢复体能;同时有效淘汰体弱、受伤种蛭,将淘汰的种蛭做成成品干货,避免在产床土中死去腐烂造成损失。种蛭抗应激多维与葡萄糖联合泼洒,葡萄糖用量为刮布水池 350 g/100 m^2,水田网箱池 2 500 g/亩;多维用量为刮布水池 200 g/100 m^2,水田网箱池 1 500 g/亩;连续使用 3 天。

在刀刮布精养池中暂养的种蛭

4. 避雷水泡货

因为水蛭成品价格的持续走高,每年 3—4 月份选种季节种蛭价格更是如"太后"般"母随子贵"。这个季节的水蛭冬眠过后,伴随春季气温升高出来活动,经过一个冬天的消耗身体含水量较少,体重减轻。一些不法商贩着眼于眼前蝇头小利,加之采购期短,货物抢手,往往将收购来的种蛭或野外抓回来的种蛭重新放入冷水中暂养增重,种蛭经过水泡后,重量明显增加但活力下降,造成采购者损失上当。水泡货的鉴别方法为水蛭身体发软,不易蜷缩成团,色泽变浅,体液较多,扒边少,扒开装水蛭的箱体查看底部,体液渗出较多,并且液体较为稀薄。

5.避雷人工货冒充野生货

两年生人工养殖越冬的水蛭是可以作为正常种蛭用的,市场上的人工货绝大多数为一年生人工养殖,冬天通过人工越冬管理至次年3—4月份充当野生种蛭出售,一年生人工种蛭有很多缺点,如产茧小,出苗弱。

优质野生种蛭

一年生人工养殖水蛭

6.避雷产后货

产后货顾名思义即为已经产过茧的水蛭,比水泡货、人工货冒充野生货更为恶劣,会导致采购者颗粒无收损失惨重,不但浪费了金钱更错过了当年的孵化期,就像农民买了假冒伪劣的种子一样。产后货一般集中发生在4月中旬至5月中旬的孵化中晚期。鉴别方法为除了有水泡货的多数特征之外,水蛭明显虚弱瘦弱,身体单薄无力,且鲜有受孕特征或孕带不明显。

二、产床投种及其产茧过程(干孵法)

1.产床土壤处理

在投种前2～3天，将提前做好的产床用水浇透，使产床土充分吸水但不能太湿，湿度保持在30%～40%，用手捏比较粘手容易塑形且无稀泥无水渗出，大棚温度保持在25～28℃。在投种前半小时，用农具长齿钉耙或铁锨将产床上的泥土均匀翻起刨松，用水管接花洒头轻轻地洒水湿润泥土表面，注意不可以有积水，此时的产床泥土松软、湿润、透气，泥块之间空隙多、空隙大，方便种蛭轻松爬入打洞产茧，此时工人的工作应都在工作通道完成，不可以进入产床踩踏。

投种前用铁锨将产床泥土均匀翻起刨松并洒水湿润泥土

2. 种蛭消毒及投种量

在 120～140 L 塑料容器中加入 40～50 L 清水，将兽用 10%浓度的聚维酮碘（在第五章中会详细讲到）取 8～10 mL 加入水中搅拌均匀，将种蛭用塑料漏筐分批适量投入，浸泡 1～2 min 消毒捞出，用塑料瓢将水蛭轻洒投放到产床上，投放量为 5～6 斤/m^2，水蛭爬入空隙打洞钻入泥土中，接着向上方钻一个斜行的或垂直的穴道，穴道宽约 1 cm、长 5～6 cm，有的分 2～4 个岔道，前端朝上停留在穴道中。将工作通道上的水蛭重新投到产床上，没有交配的水蛭会在产床上完成交配并打洞产茧。投种后 7 天左右要少量扒开土壤查看，若发现水蛭没有开始产茧，应立即找出原因，重新投种。

种蛭消毒

产床投种

刚投到产床泥土上的种蛭

正在钻入产床泥土中的种蛭

种蛭入土后在产床表面留下的孔洞

3. 种蛭不入土

在产床投种后的 2～5 天，一般都会有极少量的种蛭一直伏在产床上，不入土打洞，活性也较差。这是种蛭因应激反应体能耗尽，或者是挤压受伤、脱水导致活力下降引起的，此时直接将水蛭捡起来做成干品即可（具体方法参考第八章）。

入土慢和不入土的种蛭

4.卵茧的形成

水蛭交配一般发生在早上或夜间，交配后约1个月开始产卵，产卵一般也在早上或夜间进行，水蛭产卵茧前，先从环带部分泌一种稀薄的黏液，夹杂空气后形成肥皂泡沫状，再分泌另一种黏液，形成一层卵茧壁包于环节的周围，卵自雌孔产出，落于茧壁和身体之间的空腔内，并分泌一种蛋白液于茧内。此后，亲体慢慢向后方蠕动退出，在退出的同时前吸盘腺体分泌形成的栓会塞住茧前后两端开孔。整个产茧过程需要30 min左右。卵茧产在泥土中数小时后，茧壁逐渐硬化，壁外的许多泡沫逐渐遇风干燥，泡沫之间原先的壁破裂，只剩下连接的五角或六角形的短柱组成的蜂窝状或海绵状外保护层，有抗挤压、保温、减少水分流失的作用，内层光滑外形如"蚕茧"长椭圆形，卵茧长20～30 mm，宽15～20 mm，重1.1～1.7 g。一条水蛭一次可产茧4个左右，产后的亲蛭仍在卵茧旁边。

种蛭产出不久的卵茧外层黏液呈肥皂泡沫状

三、产床日常护理事项

1.产房温度要求

水蛭卵茧在湿泥中孵化,卵茧在自然条件下孵化需要温度在 20 ℃ 左右,温度低则孵化时间长,若长时间出现 10 ℃ 以下的低温,就有可能成为死茧,无法孵化出幼蛭来。在这个过程中一定要维护好环境的温度和产床土壤的湿度,棚内昼夜温度保持在 25~28 ℃,最高不宜超过 30 ℃。

2.产床湿度要求

水蛭卵茧孵化湿度,是指卵茧四周土壤中的含水量。土壤过湿,易板结,不利于透气通风;土壤过干,卵茧失去水分过多,不利于卵的发育。产床土壤的湿度应保持在 30%~40%,产床湿度不够时应用喷雾器装上清水进行人工喷洒,以不积水为宜。温度过高时打开大棚两端进行降温通风,下午温度下降时应及早封棚保温。

四、挖茧

1.掌握挖茧时机

(1)定时查看成熟度 20~25 天的产床维护,卵茧初时呈浅玫红色边缘夹杂着少量白色泡沫,而后逐渐变成浅土黄色。卵在卵茧内的蛋白营养液中发育,发育成幼蛭后仍在卵茧内活动。

正在给产床土壤洒水保湿

从投种的第 18 天开始，每隔 2～3 天从不同位置少量挖开产床泥土检查茧的发育情况，如果没有成熟，将茧再次埋入土中即可。检查中仔细观察茧中心的颜色，如已经形成浅土黄色至深土黄色，再用手电筒反方向照射观察茧内情况，能明显看到幼蛭在蠕动，体色由嫩粉色变为深茶色、褐色并且体型变大时即可开始挖茧。

左图小浅玫红色为未成熟卵茧与成熟中心深色成熟卵茧对比

(2)挖茧分拣 需要注意的是挖茧的时机一定要恰当。过早有些水蛭还没有产茧或产茧不久，茧内发育不成熟，虫体没有形成；过晚一定量的茧已经孵化幼蛭破茧逃到泥土中则很难找回，造成损失。挖茧前两天停止湿水，土壤稍干燥方便开挖不粘手，用小型手铲小心翻开泥土直至露出防逃网，水蛭茧和泥土的颜色极其相似，仔细翻找将茧从泥土中挑拣出来，有个别茧已经在泥土中自然孵化，有幼蛭破茧跑出属于正常现象。将挖出的水蛭茧根据熟度分拣成2档，方便后面装箱熟化，相同熟度的茧在同一精养池中出苗会比较整齐，大小基本一致。

人工挖茧

翻开产床土层露出表面的水蛭卵以及种蛭打的洞穴清晰可见

在泥土中自然孵化依然抱成团的幼蛭

刚挖出来的水蛭茧

2.母体的处理

分拣出来的水蛭产后母体大多体形干瘦

挖茧的同时将生产后的种蛭活体和死体分别拣出,死体清洗后平摊晒干,活体可继续养殖增重鲜货出售,也可以做成清水吊干成品保存或出售(参考第八章清水吊干货成品制作)。

五、孵化

孵化需要准备好孵化室、孵化箱、孵化土、洗茧池、担架形孵化床、精养池等设备及场地。要求精心消毒,保湿保温,及时控温通风,勤查看,多检查。

1.孵化室的要求

保温、保湿、通风、遮阳、避免强光和阳光直射,昼夜温度控制在 20～

25 ℃，最高不要超过 30 ℃。孵化室可用活动板房、通风增温保温效果比较好的民房，也可以用覆盖遮阳网的产床大棚、无滴透明膜半覆盖的大棚刮布水池，湿度保持在 70%～80%。

2.孵化箱的要求

泡沫箱和塑料箱均可。泡沫箱易碎，造价低，使用周期短，塑料箱价格高，使用年限长，可反复使用。孵化箱长宽高为 55 cm×40 cm×15 cm，大小刚好适合一个人轻松搬运和堆放，用二氧化氯溶液（18～20 L 容积农用喷雾器加满清水，加入二氧化氯 1g 搅拌均匀）喷洒消毒。

3.孵化土的制作

用少量含沙的干净沙土晒干拍打呈细小颗粒松散状，并用筛河沙的筛子或 6 mm 左右孔径大小的筛子过滤掉大颗粒土块、石块等，用二氧化氯溶液（18～20 L 容积农用喷雾器加满清水，加入二氧化氯 1 g 搅拌均匀）边喷洒表面边用铁锹翻拌均匀，不要让土结块，手捏成团，手戳松散，以此状态为最佳。给孵化土喷洒二氧化氯溶液的主要目的一是给土壤消毒，杀灭土中的虫卵、细菌、杂菌等有害物质以防对水蛭茧产生破坏，二是给孵化土一定的湿度。

筛过的孵化干土

4.洗茧池的要求

数量少可以用大一些的桶或者口径大一些的长方体塑料敞口水箱。如果数量多可以用稍大一些的水泥洗螺池或其他水泥池、刀刮布养殖池。如果用水泥池需要在80～100目的养殖网箱内进行洗茧，以防遇水刺激后早出生的水蛭逃跑。

5.担架形孵化床的要求

用孔径在5～8 mm的尼龙网、塑料网、铁网与竹竿或钢管等物制作成宽1～1.5 m、长度比精养池宽度稍长的担架形孵化床，两头架在精养池上方并展开。此物的作用是用于将熟化好的水蛭茧置于此床上，方便幼蛭破茧而出，通过网的孔洞掉落在精养池的池水中，也可用带孔洞的塑料框悬挂在精养池上方使用，达到此目的即可。

6.精养池的要求

用刀刮布水池或者80～100目网箱均可，露天(在担架形孵化床上方需要遮阳、防晒、防鸟)或者是大棚均可，大棚用透明无滴膜覆盖，可有效提高水温，

透明度在20～25 cm茶褐透绿的水色

但必须注意通风控温，避免高温烧苗，气温过高时需要用遮阳网遮阳。精养池清洗干净之后，需要用聚维酮碘(18～20 L容积农用喷雾器加满清水，加入聚维酮碘8～10 mL搅拌均匀)喷洒水池内壁消毒后加水。水体肥瘦要求：水色以茶褐色、褐绿色为好，水体透明度在20～25 cm，水深保持在30～50 cm，保持水体一定肥度和有益菌、浮游生物含量。水体四项指标：pH 6.5～7.5、氨氮0～0.1 mg/L、亚硝酸盐0～0.005 mg/L、溶解氧3.0 mg/L以上(第四章会详细讲解到调水、养水的方法)。

7.装箱

(1)用孵化土或棉条装箱 将消过毒的孵化箱平放在地上，放入制作好的孵化土，以约3 cm的厚度松散平铺于底面，根据孵化箱的大小将一定数量的茧(按本文孵化箱尺寸1～1.2斤/箱)平铺在3 cm厚的孵化土上，需要注意的是茧与茧轻轻挨着摆放一层，不可上下摞起来，再用孵化土轻薄地铺于茧上，以刚好盖住茧为宜，厚度0.5～1 cm。也可以用消毒过的相同厚度的透气保水棉条替代孵化土，其方法一样，保水棉条相较于孵化土稳定性稍差、成本稍高，但可以免去洗茧的过程，节省人工。

给孵化箱铺孵化土

(2)茧卵过于成熟应急措施 如出现判断失误挖茧时间较晚(一般多为下种苗后30天以上),茧的成熟度比较高,且有部分水蛭幼苗自行孵化出茧,在挖茧的过程中要注意保持场地通风干燥,减少土壤和空气湿度,避免还未挖的茧在产床土壤中大量出苗造成损失,并且可以不用装箱、熟化、洗茧,直接放到担架形孵化床上进行浇水催苗孵化。但要注意把未成熟的茧分拣出来,按照原步骤进行装箱熟化。

过于成熟刚挖出来的茧已有幼蛭出茧

8.熟化

将装好茧的孵化箱错落堆叠或平放在孵化室中,保证每个箱子都能方便喷水、通风透气,保持室内温度25～28℃,温度不可过高,室内空气中的相对湿度应保持70%～80%,上层孵化土的温度保持在30%～40%,根据实际情况每天或者隔天用喷雾器给孵化箱少量喷水1～2次,保证孵化土的湿润,但要防止过湿。在白天中午高温的时候,根据室内温度给孵化室适当通风。经过5～10天在孵化室内人工熟化,抽检需手工撕开1～2个茧检查幼蛭发育情况,如颜色变深、活力强、身体条纹明显、茧内没有蛋白液,将完整的茧对着太阳光或者手电筒进行观察里面水蛭的活动情况,查看小水蛭颜色是否变深,且有多个孵化箱有少量幼蛭破茧爬出,就可以清洗茧土,进行最后的出苗孵化、精养。

撕开的成熟水蛭茧

也可以直接摆放到大棚精养池的水上方进行熟化，辅助人工增加湿度，随后幼蛭可自由爬向孵化养殖池中，不过此种孵化周期较长。

9. 洗茧催苗

给洗茧池或洗茧桶、箱注入适量清水，将熟化后的孵化箱连土带茧轻轻倒入其中，轻轻搅动，茧会漂浮在水面上，用漏勺或漏网打捞出来放置到准备好的精养池担架形孵化床上，堆起来的茧密度不可太厚，薄薄的 2～3 层即可。堆放在担架形孵化床上的茧的数量要根据精养池的大小而定，按精养池 0.1～0.15 斤/m^2 茧计算（洗茧前的重量，洗茧时计算好孵化箱数量，而茧在装入孵化箱时称量过）。如果用保水棉条代替孵化土的孵化方式，就可以不用洗茧，直接将上层棉条打开，将茧按上

在大棚精养池水上进行熟化的孵化箱

述方法放到担架形孵化床上并用水淋透即可。

洗好的茧放到担架形孵化床上

成熟的水蛭茧在遇到水或80%以上的空气湿度后会促使水蛭钻出卵茧；成熟的水蛭茧除了内部的水蛭小苗发育较成熟之外，还将卵茧内部的胶状蛋白液消耗殆尽，全部出苗后成为海绵状空壳，茧内中空，茧头上有深色小孔为水蛭小苗出茧通道。

10.破茧出苗

(1)浇水保湿 每隔2～3小时用水瓢给担架形孵化床上的茧进行轻轻浇水淋透，为了保持一定的湿度，可以给茧上面盖一层棉布等物，露天精养要避免太阳的直射、暴晒，但应注意下雨天要遮盖塑料布，防止雨水过大、温度过低，造成卵茧小苗应激孵化不出来。

浇水崔苗后正在出茧的幼蛭

（2）破茧出苗　在茧内成熟的幼蛭会用自己颚片上的小颚齿磨破卵茧头上的薄壁，然后钻出卵茧孵化出幼蛭。利用水蛭的天然趋水性在担架形孵化床上孵化出来的幼蛭，会自然掉落至精养池水中，一般 2～3 天大部分都会破茧而出。温度适宜的情况下每茧产出后 16～25 天孵化出幼蛭，幼蛭便开始了独立的生活。每个茧内可出 13～35 条，每斤茧可孵化出 7 000～12 000 尾幼蛭，幼蛭长 6～19 mm，呈茶黄色，生长迅速，细小黑色幼蛭为僵苗、废苗，先天不足长不大。

破茧出苗

出苗茧的内部

从孵化床网孔中正在坠落水中的幼蛭

第四章

『双联免疫养蛭法』之养好水

"Double Immunization Method" for Raisina Leech

一、“双联免疫养蛭法”综述

通过本章的学习可为育苗、养苗打好坚实的理论基础。“双联免疫养蛭法”的核心在于养好水、养好蛭。好水本身就具备一定的免疫抗病能力，为提高水蛭成活率打下坚实基础。从选种、繁育孵化，到育苗、养苗步步为营，增加水蛭的抗病免疫能力，后天补充微量元素，使水蛭苗壮成长摄食力强、活力强，再加上各个生长阶段、不同气温水温防病、治病、消炎、杀菌药物的预防性使用，增加水蛭机体免疫力，优化生长环境预防和杜绝各种疾病的发生或大面积传染性疾病的暴发。

水蛭养殖中出现的疾病，重点在于防而不在于治，“双联免疫养蛭法”以防代治，防治结合，水是水蛭生长栖息的主要环境，因此水的管理对水蛭养殖是否成功至关重要，不可轻视，在日常管理中应放在重中之重。

水蛭是变温动物，缺乏自我调节体温的能力，其体温通常随着周围环境温度的变化而变化。因此，水蛭的生长发育直接受到环境温度的制约，其交配、产卵以及休眠越冬等，均需在适宜温度下进行。水蛭的适宜生长水温为10～35 ℃，在25～28 ℃时生长最快，繁殖最旺盛，当水温低于10 ℃时便会逐步进入休眠状态，当水温达到32 ℃以上时食欲开始减退，活动减少，生长速度减缓，当水温升至45 ℃时，水蛭沉底蜷曲，48 ℃时死亡。

“双联免疫养蛭法”，从养“好水”开始，给水体培藻、培菌，用大量的有益微生物体为水蛭的繁殖、生长生存环境保驾护航，增加外源性“水体免疫”，周期性的为水蛭提供多种微量元素的补充以及抗病毒药物的预防性使用，提高水蛭免疫抗病能力，内源性增强“蛭体免疫”。“水体免疫”“蛭体免疫”双双联合，这就是“双联免疫”，达到减少水蛭病害的发生，保障水蛭存活率，提高产量，最终收获高于市场品质的成品水蛭和经济收益的目的。

栖息在下水管上的水蛭小苗

二、"双联免疫养蛭法"之水体的标准要求

1. 水体四项生化指标

水蛭本身对水体指标要求并不高，河道、水沟里经常有它们的身影，但高效、高密度的水蛭养殖就对水体提出了更高的要求，水体四项指标分别为：pH 6.5～7.5、氨氮 0～0.1 mg/L、亚硝酸盐 0～0.005 mg/L、溶解氧 3.0 mg/L 以上，管理好这四项指标水蛭养殖将事半功倍。

2. 水体肥瘦标准

水体以偏肥为好，水色以茶褐色、褐绿色、茶褐透绿为好，水体透明度控制在 20～25 cm。保持水体一定肥度和有益藻类(以硅藻门为主绿藻门小球藻为辅)、有益菌、浮游生物含量，不但能有效抑制亚硝酸盐和氨氮等有害物质的含量，还能有效预防水蛭的各种疾病。

清爽的标准水色

3. 水体水温标准

养殖池 10 cm 以下水深时水温度 25～28 ℃是水蛭养殖的最佳水温，要保持水质清新，就要做到勤换水或保持循环水。

水循环工作中

4. 水体感官标准

(1)肥　水体透明度不要太高，控制在 20～25 cm，保证有益藻类和有益微生物种群丰富。

(2)活　早上水色清些，下午水色较浓，浮游动、植物平衡。

(3)嫩　藻类生长旺盛，水色呈现亮泽，不暗。

(4)爽　水中悬浮或溶解的有机物较少，水不黏、不油、不腻。

肥、活、嫩、爽的好水色

三、“双联免疫养蛭法”之调水养水常用物料

1. 藻种

(1)藻种简介　以硅藻为主绿藻(小球藻)为辅，硅藻种常见规格为 1 000 g～10 kg/袋(有些自带分装水体生物肥)，小球藻种常见规格 500～1 000 g/袋，最好使用不带肥的藻种。水蛭养殖水体硅藻、绿藻(小球藻)比例约为 6∶4，根据水色调整比例。以硅藻为主要定向培养对象的原因是硅藻水较为稳定，利于养殖。

以绿藻(小球藻)为主硅藻为辅的水色

(2)培藻的作用和原理 它对于维持水体生态系统的正常功能,稳定池水环境是不可缺少的。有益藻类在种群持续发展过程中,一方面通过光合作用为水体提供充足的溶解氧,另一方面降低并消除养殖水体中的有机污染和其他有害物质,可以将水体中各种无机盐转化合成为有机物储存在体内,保持养殖生态系统的良性循环,达到改善水质的目的。所有藻类都具有叶绿素 a 和胡萝卜素,它们本身就是水生动物的初级饵料,在静水池塘由藻类等浮游植物光合作用产生的氧气约占池水总溶氧的 90%,是精养池溶氧的主要来源。

以硅藻为主绿藻(小球藻)为辅的水色

(3)培藻肥水的方法 根据水色、透明度、亚硝酸盐和氨氮的含量来决定下什么藻种、是否需要给水体补充肥力。水色以茶褐色偏淡黄绿、褐绿色为好，硅藻水色为茶褐色，小球藻水色为绿色，以此标准根据水色选择藻种，兑水进行稀释全池泼洒。在亚硝酸盐和氨氮有一定含量的情况下就不要用水体生物肥去给水体补肥，反之则需给水体补肥，同样是兑水进行稀释全池泼洒。在培藻 2～3 天后可给水体进行培菌，EM 菌、乳酸菌、复合芽孢杆菌等，经过激活、扩培后的菌体溶液兑水进行稀释全池泼洒即可。

2. 水体生物肥

(1)水体生物肥的概念 又称生物菌肥、氨基酸肥水膏、培水膏等，常见规格为 10 kg/桶，主要营养成分为肥水菌≥5 亿/g、多糖≥500 mg/L、活性钙≥100 mg/L、RF-聚谷氨酸≥100 mg/L、氮磷钾总养分≥1 000 mg/L、微量营养元≥50 mg/L 等。

(2)水体生物肥的作用和原理 主要是给藻类提供营养，起到肥水的作用，可快速分解水体有机物，同时释放水体营养物被藻类吸收摄取，平衡水体 pH，螯合钝化水体重金属。偏肥的水体可提高水蛭的活性，保持水质清、爽、嫩、活，有效防止水体倒藻，也可促进倒藻后水体的快速修复，降解氨氮、硫化

用水体生物肥培植的绿藻(小球藻)＋硅藻水体晴天效果

氢、亚硝酸盐等有害物质。不可以用“化肥”去代替水体生物肥养殖水蛭，切记谨慎使用堆肥发酵过的动物粪便。

3.EM菌

(1)EM菌简介 常见规格为450 g/袋，不可与消毒剂、抗生素混用，内容物为由碳源、氮源、生长素、微量元素等组成的营养基(水溶粉状)与EM菌种组成(密封玻璃瓶装)。EM菌是以芽孢杆菌、消化细菌、光合细菌、乳酸菌、酵母菌和放线菌为主的10个属80余个微生物复合而成的微生物菌制剂。

(2)EM菌的作用和原理 工作原理是在水体中形成EM菌群体和病原微生物争夺营养，能较快且稳定地占据水中的有利生态地位，形成有益的微生物菌优势群落，从而控制病原微生物的繁殖和对水蛭的侵袭，提高水蛭的免疫力，明显控制有害病菌，节省药物开支和减少抗生素的使用；除异臭，净水质，改善水体环境，发酵分解残留饲料中的有机物，为生物提供高效代谢营养辅助。

(3)EM菌激活扩培方法 在市场上也有很多已激活的成品活菌液体，无须激活、扩培，按量添加即可，但质量良莠不齐且经济性较差。要选择质量可靠的，存储、运输、流转过程中有保障的厂家的产品。菌体为生物活体，对存储、运输过程有一定的要求，大多数激活的成品在市场流转过程中不能有效保障这一过程，建议自己激活、扩培，方法简单、使用方便、效果可靠。用井水或经过暴晒的自来水(也可用干净清澈的塘水、溪水、河水)，放置在100斤带内外双层盖的干净白色桶中(桶一定要用白色，EM菌需有光合作用)，加入3斤左右工业红糖(不可用粗颗粒，有明显结晶状颗粒的粗红糖激活效果不佳)促进活化，倒入EM菌营养基，打开玻璃瓶倒入或用水冲入EM菌种，搅拌均匀，封好内外盖，放置到室外阳光下3～5天即可激活、扩培成功，激活成功后放置到光线好的阴凉处备用。激活成功后颜色以橙红色、砖红色为佳，如果颜色发白浑浊，为感染杂菌激活失败，应更换干净水体，清洁消毒激活容器重新激活。

用工业红糖+深井水激活扩培的EM菌液体和乳酸菌液体

4. 乳酸菌

(1)乳酸菌简介 常用规格为450 g/袋，不可与消毒剂、抗生素混用，内容物为由碳源、氮源、生长素、微量元素等组成的营养基(水溶粉状)与乳酸菌菌种组成(密封玻璃瓶装)，是一类能利用可发酵碳水化合物产生大量乳酸的细菌的统称。这类细菌在自然界分布极为广泛，具有丰富的物种多样性，至少包含18个属，共200多种，其中绝大部分都是动物体内必不可少的，且具有重要生理功能的菌群，广泛存在于人体和动物体内的消化系统中。

(2)乳酸菌的作用和原理 消化系统内微生物群的平衡对水蛭机体健康和摄食能力十分重要，而乳酸菌能够调节这种微生态的平衡，保证水蛭正常的生理状态，可以改变消化道内环境，抑制有害菌繁殖，调整维持消化道菌群的平衡。乳酸菌可通过黏附素与消化道黏膜细胞紧密结合，在消化道黏膜表面定植占位，成为生理屏障的主要组成部分，从而达到恢复水蛭抵抗力、增强免疫力、摄食消化能力、修复消化道菌群屏障、治愈消化道疾病的作用。而且还可以降低、稳定水体 pH，分解池底残留食物和有机物，起到改善水体的作用。

(3)乳酸菌激活扩培方法 同 EM 菌。

5.复合芽孢杆菌

(1)复合芽孢杆菌简介 常用规格为 500～1 000 g/袋或 10 kg/桶，由枯草芽孢杆菌、纳豆芽孢杆菌、地衣芽孢杆菌、腊状芽孢杆菌及生物酶、维生素、微量元素等辅助剂组成，能在养殖池中形成芽孢(内生孢子)，它们对外界有害因子抵抗力强，分布广，存在于土壤、水、空气以及动物肠道等处。

(2)复合芽孢杆菌的作用和原理 在水蛭养殖中，主要用于分解池底被水蛭吸食过体液而死亡的螺蛳腐肉，可有效避免其产生有害物质危害水蛭同时还可以解决藻类水华、水面油膜现象，降解水体中氨氮、亚硝酸盐、硫化物等有害物质。芽孢杆菌对水产养殖中的弧菌、大肠杆菌和杆状病毒等有害微生物有较强的抑制作用，能分泌大量几丁质酶，分解养殖池中的有毒有害物质，净化水质，同时分解池中的残饵、粪便、有机物等，具有很强的清理水中垃圾的作用。芽孢杆菌菌体生长过程中产生的枯草菌素、多黏菌素、制霉菌素、短杆菌肽等活性物质，对致病菌或内源性感染的条件致病菌有明显的抑制作用。芽孢杆菌迅速消耗肠道中的游离氧，造成肠道低氧，促进有益厌氧菌生长，间接抑制其他致病菌生长。刺激水蛭免疫器官的生长发育，激活 T、B 淋巴细胞，提高免疫球蛋白和抗体水平，增强细胞免疫和体液免疫功能，提高群体免疫力。芽孢杆菌菌体自身合成 α—淀粉酶、蛋白酶、脂肪酶、纤维素酶等酶类，在消化道中与水蛭体内的消化酶一同发挥作用，能合成维生素 B_1、维生素 B_2、维生素 B_6、烟酸(维生素 B_3)等多种 B 族维生素，提高水蛭体内干扰素和巨噬细胞的活性，有一定的促生长作用。

(3)复合芽孢杆菌使用禁忌 复合芽孢杆菌会消耗水中溶氧量，注意要在天气晴朗的富氧期使用，以免造成水中缺氧。不可与消毒剂、抗生素混用，水体缺氧禁用，天气不好慎用。

6.二氧化氯

(1)二氧化氯简介 二氧化氯,含量 10%～12%,常用规格为 500～1 000g/袋,白色粉末状或泡腾片剂型(兑水稀释喷洒通常用粉末状,养殖池改底、杀菌、净水可以用泡腾片剂型方便抛撒工作,提高效率,粉末状和泡腾片剂型用量相同,以 10%为标准,使用不同含量的二氧化氯,按不同含量比例进行加减即可),是一种无机化合物,化学式为 ClO_2,是国际上公认的安全、无毒、绿色消毒剂。

(2)二氧化氯的作用和原理 二氧化氯是一种十分有效的净水剂,其具备良好的除臭与脱色功能,以及低浓度下高效杀菌和杀病毒能力。二氧化氯用于水体消毒,在其浓度为 0.5～1 mg/L 时,1 min 内能将水中 99%的细菌杀灭,灭菌效果为氯气的 10 倍,次氯酸钠的 2 倍,抑制病毒的能力是氯的 3 倍,是臭氧的 1.9 倍。二氧化氯杀菌快速,pH 在 6～10 时,不受水体硬度和盐分的影响,能维持长时间的杀菌作用,能高效率地消灭原生动物、孢子、霉菌、水藻和生物膜,不生成氯代酚和三卤甲烷,能将许多有机化合物氧化,从而降低水的毒性和诱变性质等。在水蛭养殖中主要用于场地、器具的高效、强力消毒杀菌,养殖池改底、除臭以及杀藻,解决水体过肥、改善水质、增加水体含氧量以及治疗恶性感染疾病的作用。可用于治疗水蛭细菌性、病毒性疾病,如肠炎、生殖器感染、受伤烂体、气泡病、水肿病等;二氧化氯具有杀菌、漂白、除臭、消毒、保鲜的功能。用于水体杀菌并增加溶氧量,主要是因为二氧化氯具有强烈的氧化性,可以氧化塘底一些耗氧比较严重的有机物,减少夜间由于呼吸作用增加对水体中氧气的消耗。

(3)二氧化氯使用禁忌 二氧化氯在碱性条件下会发生歧化反应,当然这些危害只有当氯酸盐和亚氯酸盐在水蛭体内大量积累时才会发生,一般情况下不太会发生。为了避免不必要的损失,在使用二氧化氯 3～5 小时后或第 2 天,需用果酸进行全池泼洒解毒。在使用二氧化氯过程中不要开启增氧机,曝气增氧反而会降低其氧化效果,二氧化氯本身就具备一定的增氧效果。

7. 过硫酸氢钾

(1)过硫酸氢钾简介 过硫酸氢钾，分子式是 $KHSO_5$，15％含量，配以过碳酰胺、有机物分解剂等。采用先进的多次成型制片工艺制成的白色缓释片剂，有效复合成分缓慢释放，同时添加了增氧成分，阴雨天也可以安全使用，常用规格为 1 000g/袋。有极强的水溶性，因其可提供超强有效的非氯氧化电势和微生物效能，被广泛应用于工业生产和消毒领域，它还具有储存稳定性好、使用安全方便等特点。

(2)过硫酸氢钾的作用和原理 在水蛭养殖中主要用于化学改底，解决池底发臭发黑、螺蛳残渣、长时间喂食池底沉积有机物过多、分解老化油膜、改善阴雨天及水质突变后底质中的低氧情况等。不仅具有高效的抑菌解毒能力，其最终氧化分解的产物与微生物降解产物为二氧化碳、水和无机盐，堪称"绿色化学"。过硫酸氢钾的电位值高达 1.85 V，其氧化能力超过了高锰酸钾、强氯精、过氧化氢等大多数氧化剂，这个电位值可氧化大多数有机质，减少耗氧因子，减轻底泥氧债；可以氧化水体里的二价铁成三价铁，二价锰成二氧化锰，亚硝酸盐成硝酸盐，硫化氢等硫化物成硫化酸盐，消除这些物质对水蛭的伤害，修复池底发黑发臭现象；同时，过硫化氢钾可以将氯制剂使用后的残留物氯化氨降解，减少有毒物质残留。

(3)过硫酸氢钾使用注意事项 初次使用时剂量不要过大，避免水底有毒物质大量上浮造成不良影响，如有少量泥皮上浮属于正常现象。少量多次的进行抛洒效果最佳，改底用量为 0.4～0.5 g/m^3 水体，如水体恶化严重，可酌情加量使用。

8. 果酸

(1)果酸简介 果酸、有机酸，金黄色透亮液体，常用规格为 1～10 L/桶(瓶)。α-羟基酸，简称 AHA，是从水果中提取的有机酸，是存在于多种天然水果或酸奶中的有效成分，包含葡萄酸、苹果酸、柑橘酸及乳酸等，因大多数由水果中提炼，故称果酸。

(2)果酸的作用和原理 果酸在水蛭养殖中的主要作用是解毒、抗应激反应、降低 pH 和作表面活性剂使用。用作氨氮高、重金属(铜、锌等)超标、使用杀虫药后残留毒素、蓝藻死亡后释放的藻毒素等的解毒。水体中氨氮含量高时,会抑制水蛭将氨氮排出体外。氨是毒性大、通透性高的化合物,浓度很低也有害,果酸可降解氨氮毒性带来的伤害,降低由于氨氮和亚硝酸盐含量偏高、养殖密度大、溶氧量低、水温骤变等不良环境引起的应激反应,利用它提高水的通透力,给消毒剂以及培菌、培藻起到增效作用。果酸能有效快速降低水体 pH 和稳定水质,具有表面活性剂的作用,可增加水体溶氧量,去除水体表面油膜现象。

9.水体 5 项指标检测方法及器具

养殖水蛭对水体的控制主要体现 5 个指标,分别是 pH、亚硝酸盐、氨氮、溶解氧、水温等。

(1)比色分析法简介 比色分析法(colorimetric analysis)是通过比较或测量有色物质溶液颜色深度来确定待测组分含量的方法。古希腊人就曾用五倍子溶液测定醋中的铁,俄国人也用五倍子的酒精溶液测定矿泉水中的铁。比色分析法作为一种定量分析的方法,是利用有色物质对特定波长光的吸收特性来进行定性分析的一种方法,其原理是基于被测物质溶液的颜色或加入显色剂后生成的有色溶液的颜色,颜色深度和物质含量成正比,根据光被有色溶液吸收的强度,测定溶液中物质的含量。

(2)比色分析法检测 常用的比色分析法有两种,目视比色分析法和光电比色分析法。与目视比色分析法相比,光电比色分析法避免了个人主观误差,提高了测量的准确度,需要用到专用仪器,成本较高,精度准确。水蛭养殖使用目视比色分析法快速检测盒就已经够用,如果用于水蛭养殖更深层次的研究,建议用光电比色分析法会更加精准,用于检测 pH、亚硝酸盐、氨氮、溶解氧四项指标或其他更多水体指标。用目视比色法购买不同厂家的试管试剂用法用量稍有区别,按说明书进行操作,静置几分钟后用试管颜色和比色卡进行比对即可得出测量值,操作较为方便、简单、易学。检测完毕后一定要反复清洗试管两次以上，以防影响下次检测结果。

用比色分析法检测亚硝酸盐

（3）温度计测温　在养殖过程中棚内温度的控制、池内水温的控制尤为关键，几乎每天都要观测。使用的器具较为简单，常用玻璃管温度计，利用热胀冷缩的原理来实现温度的测量。由于测温介质的膨胀系数与沸点及凝固点不同，所以常见的玻璃管温度计主要有：煤油温度计、水银温度计、红钢笔水温度计。它的优点是结构简单，使用方便，测量精度相对较高，价格低廉。在孵化期间检测大棚内温度，悬挂于大棚中部即可。在养殖期间检测水体温度，悬挂在养殖池深入水中 10 cm 以下即可，方便随时查看。也可以使用电子温度计或带有远程监测功能的电子温度计，通过手机小程序随时随地查看养殖池水温，通过监测后台温度数据观察水温变化及昼夜温差，提前做好保温或降温工作。

吊入水中的玻璃管温度计

详情　数据　参数　报警

2022-08-17 09:38:24　2022-08-18 09:38:24　查询

(最新数据)	(℃)	(%RH)
2022-08-18 09:16:02	25.5℃	
2022-08-18 08:46:02	25.5℃	
2022-08-18 08:16:02	25.5℃	
2022-08-18 07:46:02	25.5℃	
2022-08-18 07:16:02	25.6℃	
2022-08-18 06:46:02	25.6℃	
2022-08-18 06:16:02	25.6℃	
2022-08-18 05:46:02	25.8℃	
2022-08-18 05:16:02	25.8℃	
2022-08-18 04:46:02	25.9℃	
2022-08-18 04:16:02	26℃	

电子温度计在手机端显示的水温数据

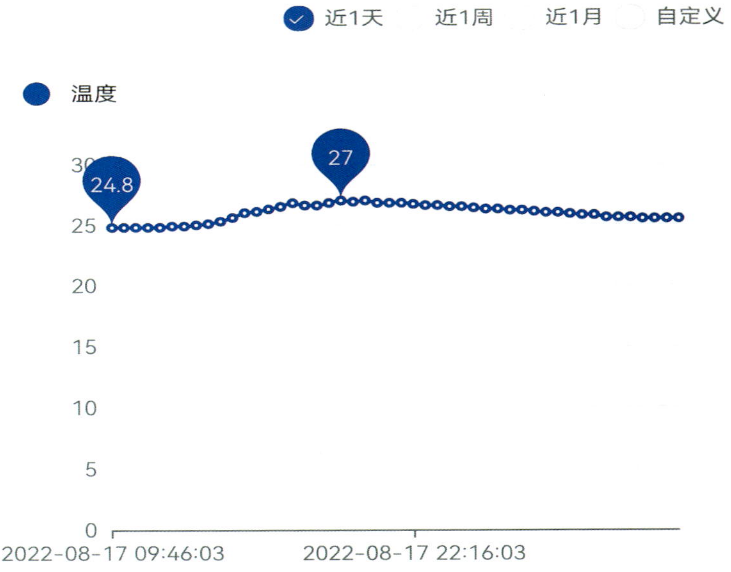

电子温度计在手机端显示的养殖池水温变化轨迹

四、“双联免疫养蛭法”之调水养水指标控制

1.调水和养蛭之间的矛盾理解

调水肥水和养蛭本身就是一个矛盾综合体，要在这个冲突中找到平衡点就是成功调水。矛盾在于水中的藻类所需的生长物质如氨氮和亚硝酸盐等，浓度过高是水蛭的致命杀手，氨氮和亚硝酸盐含量过低或没有又不利于藻类的生长，藻类又给水体提供了绝大部分的溶解氧。

正所谓“藻”所需强施于“蛭”，则蛭亡；“蛭”不欲，除之，则藻败。

简单地解释，就像人与植物的关系一样，植物需要二氧化碳并在光合作用下代谢释放出氧气，而人吸入氧气代谢出二氧化碳，二氧化碳又不能浓度太高，浓度过高会影响人体的健康，两者平衡就是相互依存的关系，这就是所谓的人与自然。调水的原理亦是如此，要做到两者的平衡！

如何解决这一矛盾？既让水肥藻旺，又让各项指标在水蛭正常生存的安全范围内，而且两者随着气温、水温、水体养分消耗、光照条件、饲料螺蛳的投入又在不停地变化，如何灵活有效地应对各种变化，养水、稳水对养好水蛭至关重要。

茁壮成长的宽体金线蛭

2.深度理解藻、肥、蛭三者关系

(1)利用互生互害的关系 在调水之前一定要先掌握水体的各项指标,综合判断后再去调水,在使用调水物料时如果把握不好用量,遵循的原则就是少量多次,逐步观察。例如经常遇到的一个矛盾就是:水瘦、透明度高,同时氨氮和亚硝酸盐含量较高,显然需要培藻肥水,但这个时候只能种藻不能给肥(水体生物肥),氨氮和亚硝酸盐本身就是藻类的养分,说明水体是有肥力的,让其充分消耗不但降低了透明度,还能有效减少氨氮和亚硝酸盐对水蛭的伤害。如果培藻的同时又给水体进行追肥,在短时间内会导致氨氮和亚硝酸盐飙升,造成损失,只能被迫换水。如果氨氮和亚硝酸盐检测量较低或者没有,就需要给水体补充藻种的同时适当补充肥力。

(2)调水物料应用误区 在遇到水体恶化时,一定要分析各项指标,结合场地的实际情况给出科学合理的解决方案,不可盲目。很多人在养殖调水过程中经常会走入的误区是,听信各种天花乱坠的调水产品宣传,花了冤枉钱还不一定能解决问题。可以负责任地说,不管它叫多么好听、多么"对症"的名字,主要成分和作用机理万变不离其宗,应根据自己实际情况灵活应用。

(3)只养蛭不养水的误区 还有一种误区是,很多第一次接触水产养殖,或者是养过猪、鸡、鸭之类的养殖户,对于环境要求精细度不高,认为干净、通风、消杀、控温即可,80%以上的管理是直接作用于养殖对象。用这种思维去养殖水蛭,常犯的一个致命错误就像少时学习的一篇寓言故事《我要的是葫芦》一样:

从前,有个人种了一棵葫芦。细长的葫芦藤上长满了绿叶,开出了几朵雪白的小花。花谢以后,藤上挂了几个小葫芦。多么可爱的小葫芦哇!那个人每天都要去看几次。

有一天,他看见叶子上爬着一些蚜虫,心里想,有几个虫子怕什么!他盯着小葫芦自言自语地说:"我的小葫芦,快长啊,快长啊!长得赛过大南瓜才好呢!"

一个邻居看见了,对他说:"你别光盯着葫芦了,叶子上生了蚜虫，快治一治吧！"那个人感到很奇怪，他说："什么？叶子上的虫还用治？我要的是葫芦。"

没过几天，叶子上的蚜虫更多了。小葫芦慢慢地变黄了，一个一个都落了。

故事告诉我们：事物与事物之间关系密切，不可为追求结果而不在乎相关联的细节。

我见过很多养殖水蛭多年的养殖户都在重复着这个故事，尤其是在湖北、江苏等地，当地的水产业比较发达，自然水源也比较好，常常会忽略对水体的精细调控。

(4)精细调水因"水"得"蛭" 水产养殖和禽、畜类养殖大有不同，禽、畜类养殖，有各种疫苗和注射针剂，而这些都是水产养殖不具备的，水产养殖首先养水。水产养殖中常见的鱼、虾、蟹养殖又与水蛭养殖有着很多细节上的差别。如传统的水产养殖几乎都是大水域，小的池塘也有几亩，而水蛭养殖以小水面居多，又以刀刮布水池为最小，体量小又浅，没有自我净化能力或者自我净化能力较弱，水体很容易变质变坏。再者传统的水产养殖用药和添加剂都可以拌入饲料使用，直接被养殖对象食用，利用率高、见效快；而水蛭养殖用是的活螺，所有的药物和添加剂只能给添加水体，相对利用率和作用效果可想而知。

养殖池的水色、透明度标准状态

综上所述，养殖水蛭，应更注重于精细“养水”，因“水”而得“蛭”。

3.pH

(1)pH 变化原理 在水蛭养殖中水蛭对水体 pH 的要求还是比较宽泛的，最佳 pH 在 6.5～7.5，可调节的范围较小，大多数水域都能满足，一般以 9:00 前检测数据作为参考标准。在一般情况下，日出时 pH 开始逐渐上升，16:30～16:40 达到最大值，接着开始下降，直至翌日日出前降至最小值。如此循环往复，水体 pH 的日正常变化范围为 1～2，若超出此范围，则表示水体有异常情况。水体 pH 日变化是因为浮游植物白天进行光合作用需要吸收二氧化碳，夜间植物呼吸作用又释放二氧化碳，从而引起水体二氧化碳变化，二氧化碳含量的高低又影响 pH 的日变化。掌握 pH 的日变化规律对养殖管理有重要的指导意义。

(2)pH 异常的原因 新水中已有一定数量的藻类，但水质还不稳定，往往会 pH 偏高。

蓝、绿藻含量丰富的水体由于光合作用强烈，到 17:00 左右，pH 往往会升到 9.5 以上。

受碱性物质污染的水体 pH 偏高。

养殖时间较长的池水透明度高，因为藻类减少或老化造成透明度高，光合作用不强，pH 偏低，甚至中午还达不到 7.5，或受酸性物质污染的水体 pH 也会偏低。

(3)pH 异常的调节方法

【P-1】pH 7.5～8.5 时

用培好的乳酸菌液体兑水稀释全池泼洒。刀刮布水池泼洒用量为 100 m^2/斤；水田网箱池泼洒用量分别为 6～8 斤/亩。次日检测 pH，若不达标，再补充泼洒 2～3 天；若达标，以上用量每 7 天泼洒一次。

【P-2】pH 8.5 以上时

先用果酸兑水稀释全池泼洒，可快速降低 pH。刀刮布水池泼洒用量为 30～50 mL/100 m^2；水田网箱池泼洒用量为 200～300 mL/亩。5 小时后或次日检测 pH，若不达标，可再次泼洒果酸或泼洒乳酸菌液体用量同【P-1】可酌情加量；若达标，泼洒乳酸菌液体同【P-1】或果酸同【P-2】用量，每 7 天泼洒一次。

【P-3】pH 6.5～6.0 时

注入新水升高 pH，并用小球藻种和硅藻种混合兑水泼洒补充藻类，刀刮布水池小球藻种、硅藻种用量分别为 25 g/100 m^2、75 g/100 m^2；水田网箱池泼洒用量分别为 150 g/亩、500 g/亩。若氨氮和亚硝酸盐为 0 时可用水体生物肥补充肥力，刀刮布水池用量为 50 g/100 m^2；水田网箱池用量为 350 g/亩。

【P-4】pH 6.0 以下时

排底水 1/2 以上，并注入新水升高 pH。或者使用生石灰（有效成分为氧化钙）化水稀释少量多次全池泼洒至正常，生石灰用量为 5～7 g/m^3 水体，pH 升高后根据各项指标适当补充藻类，小球藻种、硅藻种、水体生物肥等用量参考【P-3】，并用培好的 EM 菌液体兑水稀释全池泼洒，刀刮布水池泼洒用量为 100 m^2/斤，水田网箱池泼洒用量为 5～8 斤/亩。生石灰水会对水体中的藻类和菌类等微生物造成一定的破坏，使用后需重新进行培藻、培菌。

也可以使用过氧化钙提高 pH，起到为水体补充溶解氧的作用。用过氧化钙颗粒或片剂直接抛撒，用量为刮布水池 25～30 g/100 m^2，水田网箱池 180～250 g/亩。过氧化钙对水体透明度有一定的提高作用，根据水色、透明度、各指标情况进行补藻和补菌。

4. 亚硝酸盐

（1）亚硝酸盐的产生过程 水蛭高密度养殖对于亚硝酸盐的耐受力是很差的，亚硝酸盐含量在 0～0.005 mg/L 是标准安全范围。养殖池中的残饵、粪便及死亡藻类等含氮有机物经过异养性细菌的作用，蛋白质及核酸会慢慢分解，产生大量的氨等含氮有害物质，而有毒的氨在过亚硝化细菌或光合细菌的作用下很快转化成亚硝酸，而亚硝酸与一些金属离子结合后形成亚硝酸盐。

（2）亚硝酸盐超标的原因 以下情况会造成亚硝酸盐升高，一是池中螺蛳投喂量过大，螺蛳的代谢物大量排出，以及水蛭吸食过的死螺剩肉在水底腐烂发酵而产生；二是肥水不当，往往是由于给水体施入过多肥料养分造成的；三是天气原因，一般情况在晴天的时候，藻类的新陈代谢比较旺盛，可以促进水体中氮的良性循环，从而减少亚硝酸盐在水体中的蓄积，一旦天气变坏或遇到长时间的阴雨天，水体出现“倒藻”“转水”等现象时，亚硝酸盐就容易蓄积升高。

(3)亚硝酸盐超标调控方法

【Y-1】亚硝酸盐含量 0.005～0.01 时

全程增氧曝气，用培好的乳酸菌液体兑水稀释全池泼洒，用量同【P-1】。选择晴朗天气 9:00～14:00，用复合芽孢杆菌刀刮布水池泼洒用量为 30 g/100 m^2；水田网箱池泼洒用量为 200 g/亩。注意观察溶解氧含量，如溶解量含量较低，应立即进行循环水。

【Y-2】亚硝酸盐含量超过 0.05 时

排底水 1/3 以上，做水循环稀释池水，全程增氧曝气，全池泼洒果酸同【P-2】用量，解毒的同时减轻水蛭应激反应。如果水体 pH 7.0 以下，可用多维(在第五章中会详细讲到)减轻水蛭应激反应且不会降低 pH，用量为刀刮布水池泼洒用量 100 g/100 m^2；水田网箱池泼洒用量为 700 g/亩。选择在晴天 9:00～14:00 时，用复合芽孢杆菌刀刮布水池泼洒用量为 30 g/100 m^2；水田网箱池泼洒用量为 200 g；可连续使用 2～3 天，注意观察溶解氧含量，如溶解氧含量较低，立即进行循环水。用培好的乳酸菌液体兑水稀释全池泼洒，用量同【P-1】。用小球藻种或硅藻种适当补充藻类吸收分解亚硝酸盐，用量参考【P-3】。

5.氨氮

(1)氨氮简介 氨氮是指氮在池塘水体中存在的一种形态。在天然水体中，氮的存在形态可分为：游离态氮气、氨态氮(NH_4^+-N)、硝酸态氮(NO_3^--N)、亚硝酸态氮(NO_2^--N)及有机氮化物。其中常见的有机氮化物有如尿素、氨基酸、蛋白质等及其分解产物。分子氨能透过细胞膜，具有脂溶性，对水生生物有很强的毒性。在 pH、溶氧、硬度等水质条件不同时，氨氮的毒性也不相同。一般情况下氨态氮的毒性随 pH 增大而增大，同时分子氨的毒性也随水中溶解氧的减少而增大。

(2)氨氮超标调控方法

【A-1】氨氮含量 0.2 时

排底水 1/3 以上，做水循环稀释池水，全程增氧曝气，全池泼洒果酸同【P-2】用量，解毒的同时减轻水蛭应激反应。如果水体 pH 7.0 以下，可用多维减轻水蛭应激反应且不会降低 pH，用量为刀刮布水池泼洒用量 100 g/100 m²；水田网箱池泼洒用量为 700 g/亩。选天气晴朗 9:00～14:00 时，用复合芽孢杆菌刀刮布水池泼洒用量为 30 g/100 m²；水田网箱池泼洒用量为 200 g/亩；可连续使用 2～3 天，注意观察溶解氧含量，如溶解氧含量较低，立即进行循环水。间隔 3 小时以上或次日用培好的 EM 菌液体兑水稀释全池泼洒，刀刮布水池泼洒用量为 100 m²/斤；水田网箱池泼洒用量为 5～8 斤/亩。根据水色【参考T-1】酌情用小球藻种或硅藻种补充藻类，用量参考【P-3】。只需补充藻种禁止肥水，水中有一定量的氨氮说明水体有一定的肥力。

【A-2】氨氮含量 0.4 及以上时

迅速全池更换新水，做水循环稀释池水。全程增氧曝气，全池泼洒果酸同【P-2】用量，解毒的同时减轻水蛭应激反应。用多维和 EM 菌液体，用法用量同【A-1】。选晴朗天气 9:00～14:00 时，用复合芽孢杆菌刀刮布水池泼洒用量为 30 g/100 m²；水田网箱池泼洒用量为 200 g/亩。根据新水的水色、各指标情况进行补藻和补菌。

因换水养殖池水位快速下降悬在池壁的水蛭

6.溶解氧

(1)溶解氧简介 溶解在水中的空气中分子态氧称为溶解氧。溶解氧通常有两个来源:一个来源是水中溶解氧未饱和时,大气中的氧气向水体渗入;另一个来源是水中植物通过光合作用释放出的氧。因此水中的溶解氧会由于空气里氧气的溶入及绿色水生植物如藻类的光合作用而得到不断补充。但当水体受到有机物污染,耗氧严重,溶解氧得不到及时补充时,水体中的厌氧菌会很快繁殖,有机物因腐败而使水体变黑、发臭。

用比色法检测养殖水体中的溶解氧含量

(2)溶解氧不足的调控方法

【R-1】快速物理增氧法

通过增氧机曝气增氧或开启水泵换水巡水增氧。晴天中午上下水层溶氧量相差较大,上层水的溶解氧往往超过饱和,此时开启增氧机能使水中溶氧量均匀分布。

【R-2】生物增氧法

利用浮游植物光合作用增氧。根据水色、透明度补充小球藻种和硅藻种增加水体藻类含量，用量参考【A-1】，同时泼洒果酸参考【P-2】用量。

【R-3】化学应急增氧法

化学增氧是比较快速高效和可应急的增氧方式，一般用于天气突变，气压较低、倒藻或其他原因导致的溶解氧过低。使用过氧化钙进行化学增氧安全高效且没有污染，但不能过量使用或是经常使用，过氧化钙作为强氧化剂中的一员同二氧化氯一样，过量使用后对水产动物有一定的“脱黏”副作用，会伤及水蛭。用过氧化钙颗粒或片剂直接抛撒，用量为刮布水池 25～30 g/100 m^2，水田网箱池 180～250 g/亩。过氧化钙对水体透明度有一定的提高作用，根据水色、透明度、各指标情况进行补藻和补菌，短期内不要用复合芽孢杆菌。如果 pH 逐渐升高超过范围，用果酸或乳酸菌降低 pH，用法用量参考上文“pH 异常的调节方法”。

【R-4】夜间增氧法

日常巡水增氧最佳时间为夜间。水的溶氧昼夜变化十分明显，通常情况下，下午高于早晨，白天高于夜间。白天随着藻类光合作用，溶氧逐渐上升，至下午日落前达到最大值，夜间由于藻类不能进行光合作用，而各种耗氧作用依然进行，水体溶氧会持续下降，至清晨日出前达到最低水平。因此，夜间是巡水增氧的最佳时间，也最为经济。也可以在夜间开启增氧机利用其曝气作用使池水的溶解气体逸出，夜间和清晨开机能加速水中有毒气体逸散，时常开启可以有效降低气泡病的发生。

【R-5】还“氧债”改底增氧法

“还清”池底“氧债”问题，也是增加溶氧量的有效方法，具体内容参考“改底”。所谓“氧债”即水体缺氧，特别是池水底层严重缺氧条件下，生物需氧、化学需氧和有机质分解需氧受到很大的抑制，欠下了正常状态下的需氧量，即“氧债”。在这种情况下，厌氧生物(厌氧菌)非常活跃，产生的有害中间产物和有机质无氧分解产生大量还原性物质及有害气体。

7. 水温

加深池水并巡水降温中

【S-1】低于 20 ℃解决办法

水蛭养殖的最佳水温在 25～28 ℃，当温度过低时大棚需适当减少通风，在 15:00～16:00 或在太阳落山之前闭棚保温，水田网箱或露天刀刮布水池则通过适当降低水位来升温，最低水位不能低于 30cm。

【S-2】高于 30 ℃及以上解决办法

不管是什么模式，立即开启水泵把水位加到最高并进行长时间巡水降温，在白天只能巡水降温不可以换水，白天温度较高，换水水位降低会导致水温更高且应激反应大。露天刀刮布水池可以用防晒网搭起简易防晒棚。

8. 透明度及水色

【T-1】水色调节

水色主要靠藻类的藻色来调节，水蛭养殖以硅藻为主，小球藻为辅，如果水体透明度高，可根据养殖场水色自由掌握比例。如水色偏绿色、偏蓝绿色，则用硅藻种，水色偏黄、偏褐色且无绿色、无蓝绿色，可用小球藻种。或配合显微镜观察藻相后选择使用。

【T-2】透明度高且水无肥力

透明度高，且氨氮和亚硝酸盐含量均为 0，或者一个为 0，另一个在正常范围内，根据水色用小球藻种或硅藻种补充藻类并用水体生物肥补充肥力，用量同【P-3】。

硅藻、小球藻丰富黄褐透绿的水色

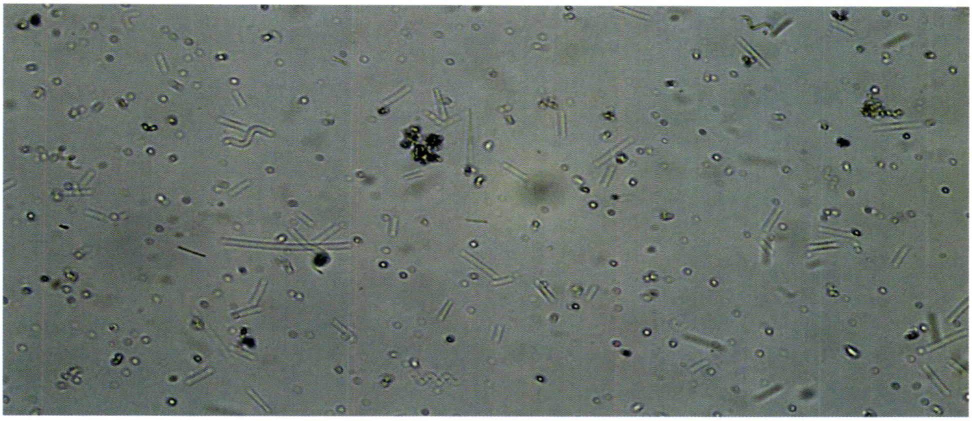

显微镜下丰富的硅藻和小球藻分布

以小球藻主的绿色水色

【T-3】透明度高且水中肥力低

透明度高，且氨氮和亚硝酸盐含量均在正常范围内，只需根据水色补充藻种禁止给水补充肥力，用量同【P-3】。

【T-4】透明度高且水中肥力高

透明度高，且氨氮和亚硝酸盐含量均超标，或者一个超标，参考上文"亚硝酸盐""氨氮"方法及用量。

【T-5】透明度低且水中肥力低

透明度低，氨氮和亚硝酸盐含量均在正常范围内，这种情况下换水 1/2 以上，且用二氧化氯兑水稀释泼洒(或片剂直接抛撒)，二氧化氯用量为刮布水池 25 g/100 m^2，水田网箱池 180 g/亩，3～5 小时后用果酸进行解毒，用量为刀刮布水池 30 mL/100 m^2；水田网箱池 200 mL/亩。

【T-6】透明度低浑浊且水中肥力高

透明度低，且水色浑浊，氨氮和亚硝酸盐含量超标，这种情况下应立即全池换水，且用二氧化氯或过硫酸氢钾进行改底，二氧化氯用量同【T-5】。3～5 小时后或者第 2 天用果酸进行解毒，用量同【T-5】。过硫酸氢钾片剂直接均匀抛撒即可，用量为刮布水池 40 g/100 m^2，水田网箱池 280 g/亩。底部恶化严重时可加量使用，或隔天连续使用。根据新水的水色、各指标情况进行补藻和补菌。

养殖池因透明度过高、水体太瘦而长起的青苔

9.改底

(1)什么时候需要改底 在投过3次及以上螺蛳后，水底就会发臭、发黑或者霉变，水体容易变质，氨氮和亚硝酸盐几乎呈几何倍数增长，这种情况下就需要改底，或者在下螺前1～2天进行小改底(生物改底)，每15天进行一次大改底(化学改底)，持续2～3天。改底的本质是减少池底“氧债”提高底部氧化还原电位，还池塘一个稳定环境。

清爽干净的池底生态(水体透明度高要注意控制青苔)

(2)改底的常用方法

【G-1】物理改底法

物理改底法就是人工清底、清淤、换水，这样比较费人工，周期也长，并且会引起水蛭过大的应激反应，搅动池里的臭泥、腐败物，而且有一些水蛭会躲在螺壳里，如果被一起清理出去会造成损失，在非养殖季节可以进行，养殖中一般不建议用这种方法。每年养殖季过后，进行物理改底，刮布水池彻底清池洗池，水田网箱池清洗网箱并清除池底淤泥、腐败物，翻松塘底并做消毒处理。

一个养殖期水田网箱池底的黑淤泥

【G-2】生物改底法

生物改底法是近两年比较提倡的方法，以乳酸菌、复合芽孢杆菌为主，EM菌为辅，通过大量培菌起到分解有机物、改善池底内环境的作用。此方法在日常养殖中注重培菌效果，可以达到长期改底、改水且增加水体免疫力的作用，正所谓“低产培藻，高产培菌”，也顺应了“无抗养殖”的倡导。

【G-3】化学改底法

化学改底法是比较快速高效和应急的方式，使用过硫酸氢钾或二氧化氯进行化学改底。用二氧化氯兑水稀释泼洒(或片剂直接抛洒)，二氧化氯用量为刮布水池 25～30 g/100 m^2，水田网箱池 180～250 g/亩，次日用果酸进行解毒，用量为刀刮布水池 30 mL/100 m^2；水田网箱池 200 mL/亩。使用过硫酸氢钾进行化学改底全池均匀抛洒，用量为刀刮布水池 40 g/100 m^2，水田网箱池 280 g/亩。底部恶化严重时可加量使用，或隔天连续使用。之后迅速根据新水的水色、各指标情况进行补藻和补菌。

10.蓄水池“滴灌”补菌法

主要水体来源于蓄水池的养殖场，培藻、培菌可以在蓄水池内完成，养殖池少量补菌即可，也可以采用滴灌补菌的方式给养殖池补菌，在蓄水池的水泵上方或岸上根据养殖场大小放置一个容积不少于 200 L 的蓄水罐，并接延长管于水泵上方至水泵进水口处。在罐内加注扩培、激活好的乳酸菌或 EM 菌成品菌液，在巡水、换水的时候开启罐体阀门至适当大小，菌液在罐体落差压的作用下，均匀地滴入或注入蓄水池水泵周围的水体中，让菌液随着水泵被均匀地带入养殖池中，通过这样的"滴灌"方式使养殖池和蓄水池中随时保持优质菌群经久不衰。

在户外激活、扩培备用的 EM 菌和乳酸菌

11. 调水注意事项

以上用量水体标准为，刀刮布水池水深 50～60 cm，水田网箱池水深 70～80 cm。根据养殖水深及恶变情况，适量加减，建议备好称克电子秤精准计算用量，切勿凭感觉称重。每次换水过后，必须根据新水的水色、各指标情况进行补藻和补菌。吊笼模式和蓄水池的用法用量与水田网箱池相同，根据水深适当加量，吊笼模式除补藻和补肥之外其他均应采用笼内喷洒的方式。

第五章

『双联免疫养蛭法』之养好蛭

“Double Immunization Method” for Raising Leeches

在上一章我们讲了如何调水和如何养水，如何培藻、培菌，学习了如何调控水体的各项指标满足正常养殖需要，介绍了以“水”为核心的水蛭养殖环境“水体免疫”的调控，本章我们将以“蛭”为核心，层层剖析，“萃炼”出我们的“软黄金”。通过预防性药物、添加剂的应用，以防代治，内源性地增强水蛭体质，增强免疫抗病能力，使其健康茁壮成长，提高成活率。即“双联免疫养蛭法”的核心法：“水”“蛭”双联免疫。

一、“双联免疫养蛭法”之养蛭常用药物及添加剂

1.聚维酮碘

(1)聚维酮碘简介 常用规格为500 mL/瓶，10%含量，棕红色黏稠液体。聚维酮碘(povidone iodine)是元素碘和聚合物载体相结合而成的疏松复合物，聚维酮起载体和助溶作用。常温下为黄棕色至棕红色无定形液体，微臭，易溶于水或乙醇，水溶液呈酸性，不溶于乙醚、氯仿、丙酮、乙烷及四氯化碳。聚维酮碘水溶液无碘酊缺点，着色浅，易洗脱，对黏膜刺激小，无须乙醇脱碘，无腐蚀作用，且毒性低。

(2)聚维酮碘作用原理 作为广谱的强力杀菌消毒剂，对病毒、细菌、真菌及霉菌孢子都有较强的杀灭作用。本品对生物体如螺蛳、水蛭刺激性小，毒性低，作用持久，使用安全、简便。对组织基本无刺激性，用于螺蛳、水蛭的活体消毒以及伤口、溃疡面、黏膜、病变部位、养殖器具、养殖水体的消毒，是水蛭养殖过程中使用率最高的消毒药剂。

(3)聚维酮碘使用禁忌 不要和含维生素C的产品一起使用，如多维等，维生素C有还原性，会降低药效。不要与水体培菌一起进行，它会杀灭菌体使培菌失效，不要用金属容器盛装，会发生反应，降低使用效果。阴雨天气慎用，虽说聚维酮碘对藻类的影响不是很大，但在雨天、阴天，还是要谨慎使用，避免微小概率出现缺氧的情况，得不偿失。

2. 多种复合维生素

(1)多种复合维生素简介 常简称为多维，常用规格为200～1 000 g/袋，浅黄色、黄色或淡红色粉末，水溶性复合维生素。主要由维生素C、维生素E、维生素D_3、维生素A、维生素K_3、维生素B_1、维生素B_2、维生素B_6、维生素B_{12}、烟酸、泛酸钙、叶酸、生物素、肌酸、赖氨酸、苏氨酸、蛋氨酸、色氨酸、胱氨酸、复合酶、微量元素、电解质等组成，复合配方使用简单方便，效果好。

(2)多维的作用原理 主要用于水蛭的代谢解毒，抗应激反应，如下苗时、雨后、换水后、变温等，以及补充水蛭生长过程中的多种微量元素。可以起到促生长、促发育、增加抗体、抗病、抗水肿、改善消化功能的作用，有效预防多种维生素缺乏症，是水蛭养殖过程中使用最多的复合营养添加剂，也可以用单纯的水溶性维生素C进行抗应激反应。

(3)应激反应 动物遭遇应激源后，首先由中枢神经系统识别刺激，然后组织发起一系列的生物学反应进行防御，称为动物应激反应，包括行为反应、植物性神经系统反应、神经内分泌系统反应及免疫系统的反应。行为反应是动物躲避应激最经济的方式，但在现代规模化生产条件下，动物的行为调整功能几乎失去作用，这是当前集约化生产中广泛存在应激的一个原因。在应激状态下，机体对能量的需求增加，能量的供应由生产、生长转向生存，同时机体组织积极分解提供应激所需的能量物质和氨基酸。

(4)应激反应原因及后果 在水蛭养殖过程中，水温变化、运输、惊吓、水体污染、酸碱度变化、雨水、病原微生物侵袭、高密度饲养、下苗分池、捕捉、投螺、换水等活动都可能产生应激。这些不同程度的应激反应，不但能直接影响水蛭的正常生长发育，严重的可导致机体免疫力下降、能量消耗过度，诱发疾病甚至死亡。

(5)抗应激反应 抗应激是指防治水蛭的应激行为。使用具有缓解、防治由应激源引起的应激综合征的产品，可分为应激预防剂、促适应剂或应激缓解剂。目前，常用的水蛭抗应激产品包括糖类(如葡萄糖)、维生素类、氨基酸类、电解质矿物元素类、有机酸类如果酸等。其发挥抗应激的作用机理也各有不同，概括起来就是：调节中枢神经系统，安定镇静、抗惊厥、降低应激敏感性起到预防应激的作用；抗氧化、清除活性氧自由基、调节由应激导致的自由基代谢紊乱等；调节机体各种物质代谢，调节由应激导致的机体代谢异常，或者可以外源性补充能量达到抗应激的目的。在养殖过程中捕捉、运输、下苗分池等剧烈生产活动，会给水蛭带来较强的应激反应，这种情况下可多维和葡萄糖联合使用。

3. 葡萄糖

(1)葡萄糖简介 葡萄糖(glucose)属有机化合物，分子式 $C_6H_{12}O_6$，是自然界分布最广且最为重要的一种单糖，它是一种多羟基醛。纯净的葡萄糖为无色晶体，有甜味但甜味不如蔗糖，易溶于水，微溶于乙醇，不溶于乙醚。天然葡萄糖水溶液旋光向右，故属于右旋糖。

(2)葡萄糖作用原理 葡萄糖在生物学领域具有重要地位，是活细胞的能量来源和新陈代谢的中间产物，即生物的主要供能物质，主要用于幼蛭育苗期间对水体、水蛭能量的补充、降低畸形率以及破茧下水、分池捕捞的抗强烈应激反应的作用。葡萄糖可以补充机体生长所需的碳源能量，促进新陈代谢，提高抗病免疫力，也可加快水体的改良，葡萄糖可以给藻类、菌类提供能量，促使其在水体中的增殖，从而起到肥水作用。

4. 恩诺沙星

(1)恩诺沙星简介 常用规格为 100～200 g/袋，含量 10%。水产用恩诺沙星，又名乙基环丙沙星、恩氟沙星，是一种微黄色或淡黄色结晶性粉末，本品被国家指定为动物专用药，为畜禽和水产专用喹诺酮类抗菌药物。

(2)恩诺沙星作用原理 在水蛭养殖中用于预防和治疗感染性疾病，增强水蛭的抗病能力，有效地预防各种感染、各种炎症、肠炎、水肿病等。恩诺沙星属于氟喹诺酮类广谱杀菌药，对支原体有特效，对大肠杆菌、克雷伯杆菌、沙门氏菌、变形杆菌、绿脓杆菌、嗜血杆菌、多杀性巴氏杆菌、溶血性巴氏杆菌、金葡菌、链球菌等都有杀菌效用。作为动物药品，在动物体内有良好的组织分布性，属于广效性抑菌剂，对于革兰氏阳性菌、阴性菌及霉形体也具有抑菌作用，对水生动物所有病原菌的抗菌活性均较强。对由耐药性致病菌引起的严重感染有效，与其他抗菌素无交叉耐药性。

(3)恩诺沙星使用禁忌 副作用主要为胃肠道反应，在水蛭集中觅食前三天少用或慎用。与添加剂多种复合维生素、葡萄糖、果酸等制酸产品不要一起使用。水葫芦对恩诺沙星有一定的吸收作用，本品会抑制水葫芦生长，使其白化、枯萎。利用水葫芦进行遮阳覆盖的养殖池可用阿莫西林代替使用。

5.阿莫西林

(1)阿莫西林简介 常用规格为100～200 g/袋，含量10%。白色粉末状，是一种最常用的半合成青霉素类广谱β-内酰胺类抗生素，半衰期约为60 min。在酸性条件下稳定，胃肠道吸收率高。

(2)阿莫西林作用原理 在水蛭养殖中，主要作用同恩诺沙星一样是用于预防和治疗感染性疾病，具有广谱性。在水蛭养殖中和恩诺沙星相比只是不同类别的抗生素而已，可以相互代替使用，也可以相互配合使用，在大面积感染发病中两者按1∶1比例配合使用，见效迅速。阿莫西林杀菌作用强，穿透细胞壁的能力也强。使用后药物分子中的内酰胺基立即水解生成肽键，迅速和菌体内的转肽酶结合使之失活，切断了菌体依靠转肽酶合成糖肽用来建造细胞壁的唯一途径，使细菌细胞迅速成为球形体而破裂溶解，菌体最终因细胞壁损失，水分不断渗透而胀裂死亡。

(3)阿莫西林使用禁忌 副作用主要为胃肠道反应且过敏反应较为常见。建议在养殖过程中以恩诺沙星为主，阿莫西林为辅，或者互为主辅关系，在互为主辅关系情况下主要用于配合治疗突发疾病起到急救的作用。在预防性的使用中切不可经常性二者同时使用或者交叉使用，抗生素使用多了或者使用久了会产生一定的耐药性，当出现重大感染疾病时，将会面临无药可用的局面。

二、“双联免疫养蛭法”之“无抗养殖”绿色倡导

1.历史和现状

Moore 等在 1946 年首次报道，在饲料中添加抗生素，能明显提高肉鸡的日增重。自此，开启了人们对抗生素的研究和应用。1950 年底，美国 FDA 正式批准在饲料中使用抗生素，并逐渐为世界各国应用。抗生素在动物疾病防治、提高饲料利用率、促进畜禽生长等方面发挥了重要作用，先后有 60 余种抗生素应用于畜牧养殖业。

目前，世界上生产的抗生素中一半以上用于养殖业。2005 年统计数据显示，我国每年抗生素原料生产量约为 21 万 t，其中有 9.7 万 t（占年总产量的 46.1%）用于畜牧养殖业。美国忧思科学联合会（UCS）估计：约有 70% 的抗生素及相关药物被用作鸡、猪、肉牛的饲料添加剂抗生素。在第 10 届全军检验医学学术会议上，国家细菌耐药性监测中心副主任马越研究员曾指出：滥用抗生素的现象远比人们想像的要严重，全球每年消耗的抗生素总量中 90% 被用在食用动物身上，且其中 90% 都只是为了提高饲料转化率而作为饲料添加剂使用。

2.产生的问题

由于在养殖中应用抗生素具有明显的经济效益，加之目前高密度规模化养殖情况下动物健康状况较差，造成养殖业对抗生素的应用较为依赖。在我国养殖业从业人员普遍素质较低的情况下，超限额、超品种滥用抗生素的现象普遍存在，造成养殖产品中抗生素残留指标较高，严重威胁食品安全。养殖业中抗生素的滥用，更是加大了动物疾病防治的难度，直接或间接地危害了人类健康。例如动物畜产品药物的残留使人类病原菌产生耐药性，产生“超级细菌”。

3.抗击“超级细菌”

“超级细菌”是几乎所有抗生素都无法杀死的细菌，这类细菌几乎能对各类抗菌药物都表现出耐药性，甚至对碳青霉烯类抗生素、万古霉素等强力抗生素也可能呈现出耐药性，有的还表现为多重抗药性。患者感染后往往无法从自身体内产生对抗细菌的抗体，导致死亡率大幅提高。

例如，一种几乎没有抗生素能制服的沙门氏菌就可轻易在人畜间传播。目前，我们只能被动地防御这种“超级细菌”，无法对其进行主动打击。这种超级细菌的来源几乎都是肠道，我们都有可能接触到这些原本寄生在肠道里的细菌。世界卫生组织报告显示，肠道菌属对于许多常用而且广效的抗生素产生抗药性，已是临床上非常棘手的问题。

面对超级细菌的挑战，我们应当换个思路：不要投入更加强大的抗生素去“锻炼”它们，而应该让它们回归原始菌落的生态竞争。在细菌菌落间，如果没有抗生素的选择压力，就不会优化出“特别厉害的角色”。想要扭转超级耐药性细菌肆虐的局面，就必须控制抗生素滥用现象，合理、科学地使用抗生素。虽然“超级细菌”传播渠道还未完全“盖棺定论”，但控制抗生素滥用确是必然的，减少抗生素的滥用毫无疑问是抗击“超级细菌”大举进攻的首要工作。

4.发展方向

近年来，世界各国均意识到抗生素滥用产生的问题，在发达国家已开始不使用抗生素的养殖方法，即无抗养殖法，代表了健康养殖的发展方向。例如，瑞典早在1986年就宣布全面禁止抗生素用作饲料添加剂。中国的无抗养殖从2000年开始起步，通过乳酸菌技术、中兽药等技术的应用，在小范围内实现无抗养殖，近年来，采用复合微生态制剂的无抗饲料见诸报道，亦有一定的使用效果，但由于技术、养殖效益等原因，未大规模推广。基于环境控制的无抗养殖，已经实现大规模养殖并取得了优异的成绩。丹麦也陆续禁止了多种抗生素作为生长促进剂使用，至2008年，丹麦国内养猪生产中抗生素的使用量比最高时减少近50％。2006年，欧盟成员国全面停止使用所有抗生素生长促进剂。

5.困难所在

停止使用抗生素遇到的主要困难在于动物疾病上升，养殖效益下降，我国由于规模养殖的环境条件、密度条件、防疫条件均不理想，如果直接禁止在养殖中停用抗生素，将带来更大的损失。事实上，经过长时间的坚持以及辅助措施的实施，如改善养殖环境、增加动物保健投入、调整动物营养、提高管理等，是可以通过停用抗生素或者少用抗生素，同样达到养殖效益的。

6.中医药趋势

中医是我国的瑰宝，水产用的中草药主要有大黄、乌桕、五倍子、黄芩、穿心莲、黄柏、大蒜、楝树、水菖蒲、生姜等，均为天然、环保型绿色药物。中草药根据功效又可分为：抗菌类、驱虫类、促进生长类、抗病毒和清热解毒类。目前在我国用中药黄连、黄芩、苦参、五倍子等防治爱德华菌、弧菌、链球菌等细菌性疾病，极大地降低了病死率。日本用中草药桑白皮、杜仲叶等饲喂鳗鱼、虹鳟鱼，不仅改善了鱼的肉质风味，还可防治疾病，提高成活率。中草药制剂与微生态藻、菌制剂联用可显著提高疗效，加快消化系统疾病的痊愈和减少复发。

7.“双联免疫养蛭法”在水蛭养殖中的应用

“双联免疫养蛭法”首先应用生物技术进行水体免疫，利用优化培藻、大量培菌等生物微生态方法改善养殖环境以及具有保健效果的微量元素、抗应激复合多维添加、杀菌消毒的预防性使用来增加“水体”“蛭体”的自然免疫抗病能力，从而达到少用抗生素甚至不用抗生素，提高水蛭成品品质目的。在极少数要使用抗生素的情况下，也必须合法用药，并且在成品制作之前达到或者延长规定的休药期，留出足够的时间代谢抗生素残留。而且水蛭不像鱼虾类、牛羊类、鸡鸭禽类有明显的和诸多的传染病、传染源，水蛭在这方面的疾病较少，且不具备明显传染性，完全可以满足绿色高效养殖。

第六章

『育苗』从开口苗到满月苗

"Raising seedlings" from open seedlings to full moon seedlings

一、“水”？“蛭”？何以兼得？

幼蛭破茧落水后进入关键的育苗、养苗阶段。在第四章中我们学习了肥水、培藻、培菌以及控制水体的各项指标，在第五章中学习了针对水蛭进行疾病预防与治疗药物、添加剂的性能了解。那么接下来学习的育苗指的是从幼蛭破茧落水后，3～5天开口苗到满月苗的重要养殖阶段，此阶段正好又处于一年中气温最为复杂多变的阶段，与忽冷忽热的气温刚好碰撞的就是刚刚破茧落水的幼小水蛭，水冷、体弱，昼夜温差大，在此阶段养殖者更要注意水与蛭的管护。

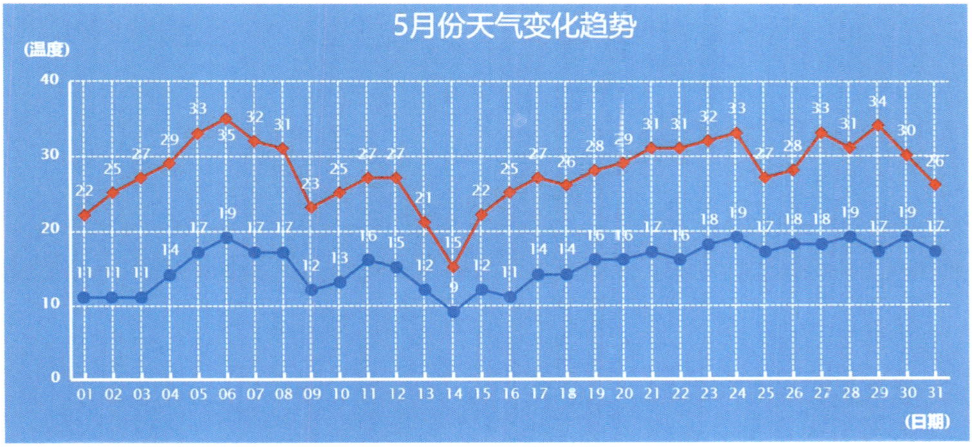

2022年育苗阶段复杂多变的气温趋势图

二、开口前的管理

1. 幼蛭习性

水蛭是喜群居性的动物，当幼苗从卵茧中孵化出茧落入水中后，在新的环境中依然喜欢群居在一起，即使在水池里，它们也会成千上万地挤在一起，而且昼夜不分离；在高密度精养池边上水线上下形成厚厚的一层，相互依偎、蠕动，或连成一片，或在池边形成一圈，或拥挤呈卵形集群在池边分布。幼苗的首次进食是难题，一旦幼苗长时间不进食，将会瘦小无力直至死亡或者因先天营养不足变成长不大的"僵苗"，这是人工养殖成败的关键。运用科学的管理方法，经过多年的水蛭养殖经验总结出人工养殖幼蛭技术新突破：一是，让幼苗从群居到分散；二是让幼苗顺利进食。

分布式聚集在精养池壁的幼蛭

2.注意控制水温

幼苗从卵茧钻出后，在水中前 3 天不进食，完全靠体内的能量维持生活，3 天后幼苗开始进食，刚从卵茧中孵化出来的幼苗，身体发育不健全，对环境的适应能力较差，对病害的抵抗能力较弱。因此水温应保持在 20～25 ℃为宜，过高或过低都会对幼苗生长不利，水深宜保持在 30～50 cm(水的深浅度取决于气温，气温低则水浅，气温高则水深，以保证水的温度)，此时的幼苗消化器官性能较差。

3.外源性补充能量

在这3天里，用葡萄糖和多维混合兑水稀释每天全池泼洒。葡萄糖用量为刮布水池350 g/100 m^2，水田网箱池2 500 g/亩；多维用量为刮布水池200 g/100 m^2，水田网箱池1 500 g/亩。第4天至第7天酌情减量。提前在精养池中用EM菌和乳酸菌进行水体培菌，并在出苗后的第2～3天持续补充EM菌和乳酸菌(用量参考第四章)。通过对水体葡萄糖碳基能量和多维微量元素的补充，内源性地提高幼苗体能和抗应激能力，使其快速适应水池环境；加之外源性对水体进行补菌培菌，加强优化水体微生态环境，防病抗病。

未投螺开口的幼蛭

4.阳光与补钙

用大棚养殖幼苗时不要用黑白膜或绿白膜，前期用透明无滴膜配合遮阳网，通过阳光的照射和棚内升温，促进幼苗对钙的吸收，水蛭和螃蟹、小龙虾、蛇等动物一样在生长的过程中都要多次蜕皮，水蛭大约每10天蜕一次皮，在幼苗期间蜕皮次数更多，蜕一次皮就会长大一次，如果没有足够的阳光，幼苗会因营养不良导致缺钙而蜕不了皮，造成生长速度缓慢甚至死亡。养殖水蛭可以不用刻意去补钙，因为它的主要食物来源于螺蛳，螺蛳本身具有较高的含钙量，每 100 g 的螺蛳中约含有 150 mg 的钙质，并且含钙量高于大部分食物。用水田网箱养殖幼苗，前期需要注意的是网箱内如果没有重物的压底会随水漂浮起来，需要用砖块或瓦片，将四角和中间压住，以防网箱漂浮导致小苗因暴晒而死。

图中白色絮状为水蛭蜕的皮

透明无滴膜配合遮阳网的透光效果

三、投喂螺蛳

1.开口料的选择

水蛭养殖中，应只用螺蛳饲养，不要用血块和动物内脏去投喂，也不要用小河蚌、小贝壳去喂养，河蚌、河蚬、贝壳会夹死小苗且这几个品种均喜池底和淤泥。整个养殖过程中，螺蛳来源的选择尤为重要，多来源于小河沟、黑泥淤泥较多的池塘，或者是有污染源的水域均可导致水蛭食用后大量生病死亡。另一个要注意的问题是，不可用捕捞起来后放置时间过长的螺蛳，此类螺蛳往往会因活力不强、死螺较多而污染水体或吃坏水蛭。

河蚌、河蚬、贝壳、田螺

2.螺蛳清洗消毒

选择来源可靠，水体干净的大水面螺蛳进行投放，螺蛳进入养殖场后不可直接投喂，应第一时间用清水反复冲洗，清洗螺蛳外壳上的泥、青苔、杂物等，量大的需要建洗螺池，用量中等或不大的用桶、漏框洗清洗即可，清洗完后将螺蛳放在漏框中，用 120～140 L 塑料箱体容器加入清水 50～60 L，将聚维酮碘取 8～10 mL 加入水中搅拌均匀，将螺蛳漏框分批适量浸入其中，没入水中搅拌浸泡 2～3 min 消毒捞起，再用塑

准备投喂的开口米螺

料瓢顺池边均匀向池中散撒。在下水口处 2 m 范围内不要投放螺蛳，随着换水、巡水次数的增加，螺蛳或螺壳均会在水流的推动下，向下水口堆积，造成下水口腐败物增多从而引起下水口坏水或坏底。

正在清洗中的螺蛳

比较好用的洗螺、消毒鱼框

比较好用的塑料水箱(左);消毒水箱放入聚维酮碘加水稀释(中);洗好的螺蛳浸泡消毒(右)

向养殖池中散撒投喂螺蛳

3.螺蛳规格及投喂量

小苗孵化下水 3 天后开始投喂小螺蛳,即小米螺,约绿豆大小,规格在 0.5 cm 及以下,或者漂螺(浮螺),投喂量为刀刮布水池 0.5 斤/m^2,根据吃食和密度情况约 5 天投 1 次;8 m^2 水田网箱首次投放 10～15 斤起到压网作用,可以根据食用情况延期投放。米螺的品种以石螺为主,也可有少量的其他品种米螺掺杂其中,如田螺、福寿螺等。在此阶段螺蛳只分大小不分品种,根据当地资源而定。米螺一般投放 3～4 次即可更换为子螺,子螺是比米螺大一号的小螺蛳,规格为 0.6～0.8 cm,大小约为大豆大小,也可以部分掺杂米螺一起投喂。刀刮布水池、水田网箱投喂量均为 0.5 斤/m^2,根据食用情况 5～7 天投喂 1 次,投喂 2～3 次过后观察水蛭的生长情况,如果长势良好体型生长较快,即可以投放 0.8～1.2 cm 以下规格的小螺。为什么要不停更换螺蛳规格?一是要根据水蛭大小去投放适宜大小的螺蛳,以免螺蛳过大螺盖夹死小水蛭;二是螺蛳越小价格越贵,反之价格越经济。自己有水域的也可以自行养殖螺蛳,或者自行捕捞后通过不同网径的筛子筛出适合的大小。

米螺、子螺对比

4. 漂螺的投喂

有条件的也可以选用漂螺（浮螺）进行投喂，漂嘿顾名思义就是可以飘起来浮在水面上的螺类，漂螺价高但是体轻、单位数量大，对生长水体的要求较高，且无螺盖，个体稍大也不会伤害水蛭，在水蛭养殖的整个阶段都可以使用，而且可以不分大小。

5. 食螺行为

水蛭从幼蛭到成熟个体的取食行为过程为：幼蛭从茧中钻出后经过2～3天的适应，用头部的化学感受器寻找到幼小的螺类并将身体钻进螺壳内取食其体液，这个阶段的取食量颇大，个体增长迅速。随着个体的增大，取食的螺蛳个头也随之增大，直至成熟个体只能将头部伸进螺壳内取食螺的体液。对于明显比自己大的螺蛳，大多数水蛭都有相当强的判断能力，几乎不会去取食比自己大很多的螺蛳。如在养殖过程中我们观察到，在幼蛭期间，米螺中会有极少量的钉螺存在，因为钉螺的体长明显大于其他螺蛳，在有足够食物的情况下，幼蛭不会去优先攻击钉螺，因此在其他螺蛳都被吃完了之后还能看到少量的钉螺趴在池边上。

宽体金线蛭蜷起螺蛳食月

6.螺蛳切勿破壳

在较早的一些养殖水蛭的方法中经常会提到将螺蛳敲破喂食水蛭的方法。为了让小水蛭吃到螺蛳，将螺蛳敲破以供水蛭食用，这种方法在高密度养殖中会存在较多问题。高密度养殖投螺量大，把螺蛳“敲破”本就是一件费时费力的事，当然也可以用机器，为大幅提高效率增加可能性；可是投入的大量“破壳螺蛳”水蛭能否当天吃完？“破壳螺蛳”又能存活多久？毋庸置疑“破壳螺蛳”很快会死掉，水蛭吃了会好吗？就算不会短期死掉受感染也是很正常的事情，水蛭吃了又会好吗？大量“破壳螺蛳”短期内集中死掉对水体本身又是一种污染。少量试验性养殖可以尝试，规模性高密度商品养殖不建议采用。

四、养苗日常护理“三多一少”原则

1.水体管理

幼苗喜欢新鲜的水源及微流量。因此，养殖幼苗期间要每天巡水以及勤

正在给养殖池巡水

换新水，多补充新水。若螺蛳以及微量元素的添加搭配合理，新鲜水质充足，池中保持一定微流量，幼苗成长速度则很快，从卵茧出来 1～2 cm 长的幼蛭经过 25～28 天的精养管理，幼蛭可以生长到 5 cm 以上，每斤约 5 000 尾。这样的小苗再经过分池后密度会更低，成活和产量会更高。建议根据小苗长势情况以及密度大小，25～28 天进行分池养殖，最晚不超过 30～35 天进行密度稀释。

2. 菌、藻用得好水蛭生病少

小苗在日常的管理中，遵循多巡水换水，多培菌培藻，多用微量元素，少用药物的（抗生素）“三多一少”模式进行管理。EM 菌和乳酸菌交替使用日常 5～7 天补充 1 次，用量为刀刮布水池 100 m^2/斤，水田网箱池 5～8 斤/亩；复合芽孢杆菌 10～15 天补充 1 次，注意是在晴天和溶氧量充足的情况下使用，用量为刀刮布水池 30 g/100 m^2；水田网箱池 200 g/亩。多维 3～5 天泼洒 1 次，用量为刮布水池 100 g/100 m^2，水田网箱池 700 g/亩。

出生 15 天左右的水蛭幼苗

4. 幼蛭疾病处理

保持一定的光照，保持水 20～25 cm 的透明度以及标准水色，根据情况及时补菌补肥，保持一定的肥水状态。在此阶段注意观察水蛭健康状态，如遇泳姿不佳、身后拖拽排泄物、肚皮朝上、蜷缩池底、活性不好等状况，应及时查看水体指标是否正常，若不正常应根据实际情况用第四章的方法及时换水、调水、培藻、培菌。如果水体指标正常，且症状较轻可用聚维酮碘兑水稀释全池泼洒，用量为刀刮布水池 50 mL/100 m^2，水田网箱池 500 mL/亩，可以连续泼洒 1～2 天。2 天后根据水体实际情况进行补藻补菌。如症状较重，数量较多，用恩诺沙星兑水稀释全池泼洒，用量为刀刮布水池 200 g/100 m^2，水田网箱池 1 500 g/亩。

5.控制好水温　养蛭不发昏

另一个需要注意的重要因素就是水温的控制，此期间最佳水温应在 20～25 ℃，温度切不可过高，也不能忽冷忽热，尤其是大棚模式，切不可因为一时的疏忽封闭大棚，太阳暴晒也会造成惨重损失，这就需要不停地去处理大棚的降温通风或封闭大棚进行升温，这个季节气温多变，在南方瞬间入夏，在北方也会产生霜冻灾害。

五、巡塘工作

1.做好巡查记录

养殖过程中，巡塘工作的好坏，可以直接关系到养殖的成败，准备一个专门的巡塘工作记录本，记录每天巡塘的异常现象和需要解决的问题，这样也方便以后找原因，避免类似的情况再出现。

2.查看水蛭状态

用手电筒照射池底，查看有没有生病倒在池底的水蛭，以及观察水蛭扒边密度、进食情况等，如果扒边密度明显降低又没有分散进食，需要马上警惕起来，查寻水蛭去向。

在养殖池边角水面上游动的幼蛭

在养殖池底觅食的幼蛭

扒在养殖池壁水下休息的幼蛭

养殖池壁有少量青苔

3. 检测水体指标

查看水色变化情况，查验水体各项指标，通风降温或保温升温，清除水上漂浮杂物，检查排水口是否有堵塞、是否有渗漏等情况。

及时打捞水面上漂浮的螺壳等漂浮杂物

养殖池管理不善水面长满青苔

养殖池水瘦水透水面大量浮萍

4.检查防逃防鸟

查看防逃网是否完好，是否有天敌的入侵并及时做好防护工作，尤其是露天养殖一定要在养殖池上布防鸟网，在进水口上套异物网罩，以防水蜈蚣、蜻蜓幼虫、黑鱼苗入侵伤害水蛭。

蜻蜓幼虫(水虿)背面和腹面

飞到防鸟网上的鸡

5.检查水电管路

检查场地水、电系统以及各种常用设备是否正常运转,如水泵、给水管路、增氧系统、照明系统、安防监控系统等。

6.注意天气预报

注意查看天气预报,如果有阴雨天气或者连续阴雨天气,提前做好预防应激反应工作(参考第七章“抗应激反应用量”)。

注意查看天气预报提前做好防范工作

第七章

『养苗』从满月苗到成品水蛭

"Raising seedlings" from full moon seedlings to finished leeches

一、养苗日常护理管理

1.分池、下苗抗强应激反应

(1)分池、下苗密度数量 小苗在精养池中精养25～28天进行分池，即常说的半月苗、满月苗；很多养殖新手在这个时期从第三方购买满月苗进行下苗、分池养殖。分池标准密度为2 m×4 m共8 m^2，水田网箱900～1 500尾，露天刀刮布水池150～250尾/m^2，大棚刀刮布水池200～300尾/m^2。如果是新手建议密度减量，网箱100尾/m^2左右，刀刮布水池120尾/m^2左右即可。密度太大会导致水蛭的生存空间减小，造成水体恶化较快，增加死亡及疾病的风险，投料不足或营养跟不上则会导致水蛭生长速度缓慢。

出生28天左右的水蛭幼苗

(2)下苗抗强应激工作 按照标准指标提前调好水控好温，在捕捉水蛭苗和下苗分池的前一天分别给精养池和养殖池内兑水稀释泼洒葡萄糖混合多维联合使用，葡萄糖用量为刀刮布水池350 g/100 m^2，水田网箱池2 500 g/亩；多维用量为刀刮布水池200 g/100 m^2，水田网箱池1 500 g/亩。根据反应程度可以连用 1～2 天。在这个过程中水蛭的应激反应是比较明显的，多维和葡萄糖的联合应用是为了预防、增强水蛭的应激反应。

刚从养殖池抓起来的水蛭小苗

(3)小苗运输 在运输小苗的过程中不可加水或者带水运输，更不可中途喷水，运输箱中水蛭的密度不能过厚，用冰袋或冰矿泉水辅助运输时用湿布或湿毛巾将其包裹，不要让水蛭和冰袋直接接触，为避免冰块在运输过程中会融化成水，不可直接用冰块，冷藏运输时温度保持在 8～12 ℃为宜，要保证运输箱通风透气。

分装运输中的满月苗

短途运输可以用比较便宜的、气味刺激性大的牙膏均匀涂抹于箱体口沿处，涂抹带宽 5 cm 左右以防止水蛭逃跑。长途运输最好用水产氧气打包袋，不要加水、加冰，可以在袋中加入水草保湿并且给袋内填充氧气。如果用网袋进行分苗转运，可以用 100～120 目的网袋进行分装，同样的加入水草在袋中保湿，水草还可起到支撑作用防止挤压，袋口用细尼龙绳多次缠绕并扎紧。

120 目的分装网袋内装水草保湿

(4)小苗下水 小苗到达场地之后不可直接开袋或开箱下苗，将运输箱或运输袋先浮于养殖池水面上，切记不可暴晒，30 min 左右待池中水温和运输箱或运输袋温度一致后再下苗入池。下苗后在运输箱或运输袋上吸附着的少量小水蛭，应及时用湿海绵或湿毛巾轻轻地将其清除干净后入池，切不可等待其自行爬入水中，避免可能会造成的损失。运输袋中装有水草的，可将水草一同投入池中。

小苗刚下水聚集在水草上

2. 下螺规格及频次

(1)米螺、子螺的过度投喂 最好在下苗、分池的前一两天将清洗、消毒过的螺蛳投入养殖池内，减少螺蛳的应激反应，让螺蛳有时间适应新环境。根据苗的大小，可以投米螺、子螺、漂螺或米螺混合子螺，投放量为 1 斤/m^2，5～7 天投放 1 次。投放米螺、子螺混合投放 2～3 次过后，根据水蛭的生长情况，可以直接投放 1.2 cm 及以下大小的中小规格螺蛳。

米螺混合子螺

(2)统货螺的投喂 满月苗在养殖 30～40 天后，可以直接投放统货饲料螺蛳。统货螺指的是打捞上来不分大小的螺丝，一般情况下会把个头比较大的螺蛳如 1.4～2 cm 规格及以上的筛选出来作为食用螺，其经济价值较高，其他均为饲料统货螺蛳，比米螺、子螺价格相对经济得多。网箱和刀刮布水池投放量依然是 1 斤/m^2。

还未清洗的统货螺蛳

清洗后的统货螺蛳

(3)谨慎螺蛳的打捞方式 很多人不清楚螺蛳的打捞方式，只是一味地比价格。常见的螺蛳打捞方式有 3 种：一是小规模零散单人人工打捞，在河沟、池塘或者人工养殖池用螺蛳钯网、推网进行人工打捞。二是大面积养殖水域用机动船拖网的方式进行打捞。以上两种都称为手工版螺蛳。三是用机动船吸螺真空泵进行打捞，但此种打捞方式会因真空泵吸力过大误将个体稍大的螺壳打碎、打伤，导致螺蛳活力不强或者受伤死亡，并且经不起长途运输和炎热天气;此种方式一般称为机器版螺蛳。大多数人在采购螺蛳的时候,除了之前说过的螺蛳生产地的选择之外往往会忽略打捞方式,一定要了解清楚打捞方式之后再进行选择。

(4)谨慎螺蛳的成品率 在水蛭的养殖过程中,很多人往往会忽略螺蛳的成品率。尤其是统货螺蛳,在打捞过程中不可避免会有空壳、河蚬、杂物等掺杂其中,在采购过程中一定要问清楚成品率。成品率指的是除了空壳、河蚬、贝壳、杂物之外活螺的总占有率,通常会有六成货、七成货、八成货、九成货等等级,等级越高代表成品率越高,或者说是杂质越少。水蛭养殖通常选购统货螺蛳成品率八成及以上,米螺成品率在八成五以上。

正在初筛从自然水域打捞上来的螺蛳

3.养苗日常护理

(1)巡塘管理 日常护理中每天必做的工作就是巡塘,与之前幼苗期略有不同的是:一是到青年苗阶段水蛭已经个体稍大,在查看水蛭生长情况活性的同时,还应查看水底有没有死蛭、严重病蛭,如果有请及时打捞出来,并且用细铁丝穿起来在太阳下晾晒以减少损失(清水吊干的具体方法参考第八章)。二是此阶段(从7月份到9月底)正值高温季节,应确保养殖场通风,并且每天检测水体指标,做好控温、换水、巡水工作。

出生45天左右的水蛭青年苗

(2)夜间巡水度过夜夜生死关 巡水工作一般在夜间进行。因为通常大棚的水温控制得比较好,白天非极端高温不需要巡水降温,但是大棚白天光照欠佳,与露天养殖相比溶氧量相对不足,且水体生物的耗氧量并没有减少,到黎明时分达到最低值;如果在夜间进行巡水,不但可以有效保证水质清新,还能有效避免因晚上溶氧量不足造成水蛭免疫力下降或者缺氧死亡。其他的养殖模式,在有人值守的情况下也可以进行夜间巡水,但是白天的降温巡水仍必不可少。注意夜间低氧情况更容易出现事故。

(3)曝气增氧系统的使用 值得注意的是对于大棚小水体而言,曝气增氧的增氧效果微乎其微。大棚养殖曝气增氧一般在给养殖池泼洒物料时使用,起到搅拌快速融合的作用,更重要的是在不巡水的时候使用,可以起到曝气和使水体产生微流的效应。曝气在这个阶段就显得尤为重要,7月中旬过后水蛭的水肿病会大范围爆发,水中的有害气体或者溶解氧过高都会引起水肿病,在不巡水的时候及时开启曝气系统,让水中溶解的多余气体通过曝气的方式逃逸出去,减少对水蛭的伤害。

水肿病状态的水蛭

(4)露天养殖池面水葫芦覆盖 在6月中旬过后，露天养殖场不管是水田网箱还是刀刮布水池，水面必须100％覆盖水葫芦或同类型植物，起到给水体遮阳降温的作用和吸收水体中氨氮、亚硝酸盐等有害物质净化水体，同时又给水蛭增加一个栖息地。有兴趣的养殖户也可以用前面提到的白色“水培蔬菜定植板”，白色可以起到反光和防吸热作用，用水面种菜的方式替代水葫芦。

水田网箱覆盖水葫芦

(5)水葫芦覆盖注意事项　前面在讲恩诺沙星的时候也提到过，恩诺沙星对水葫芦并不友好，多次使用恩诺沙星会导致水葫芦白化、枯黄、死亡。在用水葫芦覆盖水池的时候，在用药方面可用阿莫西林替代恩诺沙星使用。

(6)养殖池中水蚤爆发解决办法　从7月初开始随着气温水温逐步升高，水体偏肥容易使水蚤疯狂繁殖生长。水蚤的品种很多，是水产生物幼苗阶段的天然优质饵料，少量出现对水蛭没有任何影响，但是大量暴发后会增加水体的耗氧，死亡后的虫体又对水体造成二次污染。一般多出现在大棚模式的刀刮布养殖池中，有大棚遮阳，水体偏肥，加之下水口过滤网的拦截，在这样优沃的环境下水蚤疯狂生长。防治办法可在夜间利用水蚤的趋光性，用捕虫器对水蚤灯光诱捕，从而清除。

聚集在一起的粉红色水蚤

养殖池中密集的水蚤

二、吊笼日常护理管理

1.吊笼的投苗规格及数量

因吊笼笼体较小，大多数使用10～20目网孔密度大小的网料，以提高笼子的透水性（也可以使用标准网箱40目的网料），防止藻类等微生物黏附网孔影响透水性。在养殖中挑选1.5 g及以上大小的水蛭苗进行分笼养殖，太小的苗容易逃跑，投放密度为50～90尾/笼。

网孔密度20目的吊笼

2.吊笼的养殖管理

(1)吊笼螺蛳的投喂　吊笼可以直接投放饲料统货螺，第1次投螺2斤/笼，用于压笼防笼飘起，7～10天观察笼内螺蛳被食用情况，之后根据食用情况7～10天投1次，每次约2斤/笼。吊笼因为投螺操作不方便，每次适量多投放，可以延长投放周期减少工作量，但不可太多，造成笼内生物体过多争氧导致缺氧。

利用养殖船进行深水吊笼养殖作业

(2)吊笼日常管理 水质的调控、微量元素的补充、预防和治疗药物的应用都和水田网箱一样，水域面积可以丈量，不规则水面也可以数笼计算，标准笼距可按 1.7 m^2/笼计或 400～450 笼每亩计，因水深的缘故用量比水田网箱稍大，根据水深适当调整即可。除了培藻、补肥在笼外水体进行，其他均是笼内喷洒。利用养殖船的半封闭式船舱或放置塑料箱体容器，将喷洒物料兑塘水稀释，用 12 V 电压电瓶带微型 6 分管小水泵对笼内直接喷洒，工作效率高且浪费少。巡塘工作同其他养殖方式一样，需定期抽查笼内情况。

养殖中期检查吊笼内的宽体金线蛭

(3)吊笼雨天防逃 需要注意的是如果遇到连续阴雨天，要谨防水蛭逃跑。在连续雨天，雨水会将露出水面的部分笼体全部浸透，此时网子的防逃作用会被雨水弱化很多，加之下雨天水蛭的应激反应，会促使其逃跑。短时间下雨无关紧要注意观察即可，雨季就需要将笼上提 10 cm 左右或用尼龙扎带将笼口扎死。并给笼内泼洒多维等以抗应激。

深水养殖中的吊笼

吊笼养殖的水蛭

三、水蛭疾病的预防

1.培藻培菌水体免疫

(1)培藻培水长期保持肥水 提到疾病的预防就又回到了“双联免疫养蛭法”的核心之一:水体免疫。根据水色、透明度、水体各项指标给水体及时培藻肥水,以防藻类老化或水体肥力不足出现倒藻、透明度高以及一系列“水体并发症”。要让有益藻占领绝对上风,不要偷懒想着自然水体本身就有藻、有肥,更不要幻想着用“无为而治”去肥水。

(2)培藻用量 换水后观察水体透明度,如果透明度较高用小球藻种和硅藻种混合兑水泼洒补充藻类,刀刮布水池小球藻种、硅藻种用量分别为25 g/100 m^2、75 g/100 m^2;水田网箱池用量分别为150 g/亩、500 g/亩。如果透明度稍高则用量减半或者酌情减量,或者只用硅藻种。如果有蓄水池则根据水深参考水田网箱池用量，水田网箱池是按 70～80 cm 深计量。

(3)水体生物肥用量　若氨氮和亚硝酸盐为 0 时可用水体生物肥补充肥力，用量为刀刮布水池 50 g/100 m^2，水田网箱池 350 g/亩，或少量多次酌情加减用量。氨氮、亚硝酸盐在能检测到的情况下均不能补肥。

(4)定期培菌加强“生物抗生素”　在水蛭养殖过程中使用到的菌种，如 EM 菌、乳酸菌、复合芽孢杆菌等，在水体中培植到一定的量级称为“生物抗生素”，一定要注意的是要有一定的量级菌群才能够成为水蛭病源的强大“抗体”。也可以理解为水中“外挂”“生物盾”一样在水体环境中、在水蛭体外就将病菌、感染源拒之千里。

正在给刀刮布养殖池喷洒稀释后的菌液

(5)培菌周期及用量　7 月份之前 EM 菌、乳酸菌每 7 天两者混合使用 1 次。EM 菌、乳酸菌用量分别为刀刮布水池 100 m^2/斤；吊笼、水田网箱池 5～8 斤/亩。复合芽孢杆菌注意在晴天和溶氧量充足的情况下使用，10～15 天使用 1 次，用量为刀刮布水池 20 g/100 m^2；水田网箱池 150 g/亩。

7 月份之后露天养殖模式 EM 菌、乳酸菌每 7 天两者混合使用 2 次。EM 菌、乳酸菌用量分别为刀刮布水池 1.5 斤/100 m^2；吊笼、水田网箱池 8～

10 斤/亩。复合芽孢杆菌注意在晴天和溶氧量充足的情况下使用，7～10 天使用 1 次，用量为刀刮布水池 25 g/100 m²；水田网箱池 200 g/亩。

7 月份之后大棚模式 EM 菌、乳酸菌每 7 天两者混合使用 2 次。EM 菌、乳酸菌用量为刀刮布水池 2 斤/100 m²；复合芽孢杆菌注意在晴天和溶氧量充足的情况下使用，7～10 天使用 1 次，用量为刀刮布水池 30 g/100 m²。大棚模式相对光照不足，换水频率高因而用量稍大。

7 月上旬的水蛭

2.固本培元"蛭"体免疫

(1)微量元素好处多 因吸收率、高密度和降温光照不足的问题，需给水蛭大量补充微量元素以增强体质，增强防病抗病能力，有效促生长，增强抗应激能力等。这也是"双联免疫养蛭法"的核心之二："蛭"体免疫；通过水体免疫

7 月下旬健康成长中的水蛭

加上"蛭"体免疫,外源性联合内源性,双双联合作用以增强水蛭的抗病能力,达到高产、高成活率目的。

(2)露天养殖模式用量 多维每5天泼洒1次,用量为刀刮布水池100 g/100 m^2,水田网箱池700 g/亩。葡萄糖每10天泼洒1次,用量为刀刮布水池250 g/100 m^2,水田网箱池2 000 g/亩;

(3)大棚模式用量 多维同葡萄糖联合每5天泼洒1次,多维用量为刀刮布水池100 g/100 m^2,葡萄糖用量为刀刮布水池300 g/100 m^2。

(4)抗应激反应用量 在换水、改底、雨前、雨后抗应激反应用多维同葡萄糖联合泼洒,葡萄糖用量为刀刮布水池350 g/100 m^2,水田网箱池2 500 g/亩;多维用量为刀刮布水池200 g/100 m^2,水田网箱池1 500 g/亩。

9月底至10月初收获的宽体金线蛭

四、水蛭常见疾病

1. 水蛭肠炎

(1)水蛭肠炎表现症状 患有肠炎的水蛭的症状主要表现为:尾端腹面发红、红肿、身体呈月牙状弯曲侧躺、游动时身体扭动不安、扒边少躺底多、懒于活动、严重时体表穿孔或发展为肠炎型腹水、水肿病、水鼓病等,这些都是水蛭肠炎的常见症状。

水蛭严重肠炎并发腹水

(2)水蛭肠炎发病原因 螺蛳不新鲜、病螺、死螺、水体恶化含有病菌、外界环境变化、池底环境水体恶变等都是导致水蛭肠炎的诱因,因而日常管理过程中一定要多注意防范,及时改良水体,勤改底多杀菌。在高温季节,打捞上来的螺蛳经过运输以及长时间折腾会导致活性降低或生病,再加上养殖池的水体恶化、老化,浮游植物繁殖慢,老化藻类占优势,水体极易富营养化,光合作用较低,缺氧严重,水温控制不好,死藻、浮萍、浮藻腐烂、有害病菌微生物丛生。水蛭在这样的污染、高温水体环境下吃了带病的螺蛳,会引起严重的消化道感染。

培藻不成功水体透明度高　浮萍丛生

2.水蛭生殖器感染

(1)生殖器感染表现症状 接近头部生殖器处的腹部发红，表现出血、充血症状比较明显。

(2)生殖器感染发病原因 每年水蛭性成熟临近交配期，往往恰逢三伏天，此时易发病。此病表现为生殖器发红，这时只要水质稍微发生变化就会引起生殖器感染，严重的会导致水鼓病。

生殖器感染后水蛭生殖器处明显充血肿胀已并发水鼓病

3. 水蛭水鼓病

(1)水鼓病表现症状 水鼓病是令养殖户非常头疼的水蛭常见疾病。水蛭身体肿成节状,呈“凸”字状排列。多数爬到网上、吸附在水面植物上、池面烂青苔下都存在。不吃食,手挤结块处能明显挤出水,无精神,和人中暑性质一样。腹部结块多发生在水蛭的生殖孔或排泄孔处,尤其生殖孔处红肿瘀血发病较多。该病发生后,会导致水蛭进食困难和肿块,之后身体运动失调,水蛭在水中运动困难,慢慢死掉。

水鼓病严重感染的水蛭

(2)水鼓病发病原因 水鼓病病原体主要是嗜水气单胞菌引起的全身性严重感染,是革兰氏阴性短杆菌,属于细菌类,弧菌科。发病早期无明显症状,当水温超过 30 ℃时,此症状较为明显。有的还会因营养不达标微量元素缺乏而出现死亡。因此这个阶段也是最难养的阶段,此阶段控制水温很关键,同时注意优化水质勤培菌。

4.水蛭水肿病

(1)水肿病表现症状 水蛭身体发软，肌肉无力，颜色发浅呈半透亮状态，挤压身体会有液体滋出，有明显的水肿膨胀表现，很难收缩成团，活性不高半圈缩在池底。从事水蛭养殖的都知道，水肿病是水蛭常见的疾病之一，刀刮布水池养殖模式长见于上水口和下水口处。尤其是7月中下旬以后，是水肿病的高发期，而且发病率高，发病面积广，死亡率高，让很多养殖水蛭的朋友损失惨重，甚至血本无归。

(2)水肿病发病原因 一是应激过大，当外界环境及天气等因素发生变化时，水蛭无法快速适应变化，就会发生应激反应，应激过大就会导致水肿、肠炎及肌肉僵硬等病症，此致病因素7月下旬后尤为明显。

二是水体中有害物质超标，如氨氮、亚硝酸盐等长期超标，水蛭处于慢性中毒状态。

三是肠炎引起，当水蛭开始吃食后，管理不当就会引发肠炎，部分水蛭会由于肠炎导致消化不良，从而形成腹部积水，此为水肿病的一种表现方式，一般发生在6月中上旬。

四是营养的缺乏，如维生素、微量元素的缺乏，尤其是微量元素和矿物质的缺乏，最容易引发水肿病。

有水肿症状的水蛭且身体有明显白色半透明黏液析出

严重水肿病的水蛭

5.水蛭白点病

(1)白点病表现症状 白点病也叫溃疡病、霉病。患病水蛭体表有白点泡状物和小白斑,运动不灵活,游动时身体不平衡,厌食等。

(2)白点病发病原因 由细菌感染和小瓜虫引起,或是受捕食性水生昆虫或其他天敌咬伤、受伤后感染细菌所致,如水蜈蚣、蜻蜓幼虫等。

蜻蜓幼虫(水蚤)正在捕食宽体金线蛭

6. 水蛭干枯病

(1)干枯病表现症状 患病水蛭食欲不振，少活动，消瘦无力，可见身体干瘪、失水萎缩，全身发黑。

(2)干枯病发病原因 由于养殖池岸边环境湿度太小，温度过高或晒伤脱水引起。

水蛭白点病溃疡

7. 水蛭寄生虫硬块病

(1)寄生虫硬块病表现症状 患病的水蛭个体在身体腹部出现硬性肿块，硬性肿块有时呈对称排列。经解剖确定为贮精囊或精巢肿大。

(2)寄生虫病发病原因 是由一种原生动物单房簇虫的寄生引起的。有

寄生虫感染患病严重的水蛭腹部充血发红

可能是水蛭在吸食螺蛳腔液的过程中，把寄生虫吸入体内造成的，寄生虫常寄生于水蛭的生殖系统、消化系统，如精囊、卵巢、肠道等，或是青年苗或种蛭在运输过程中压伤造成的，由于生殖孔处雄性生殖器骨骼较大，该处最易压伤。

8. 水蛭气泡病

(1) 气泡病表现症状 体内充气有明显的气泡鼓包，在水面游动，头部朝下尾部朝上，因气泡的浮力作用下不去水面，身上有水泡且死亡的水蛭底部发白。

(2) 气泡病发病原因 水泡气泡是渗透压过大所致。主要是水体中某种有害气体如氨氮等过饱和或者溶解氧过高以及天气因素引起的压力差等，造成水蛭的渗透压不平衡，使得水蛭集体损伤以及后期继发性感染从而导致死亡。气泡病存在于整个养殖期，主要集中于育苗期，育苗期的气泡病比较可怕，死亡率较高，发生气泡病后导致死亡的最关键的因素是后期继发性细菌感染，所以发生气泡病后需及时杀菌、抗菌、消炎。

气泡病有明显的气泡鼓包

五、水蛭疾病的治疗方案参考

1. 以防代治"上医治未病"

魏文王问名医扁鹊："你家兄弟三人，都精于医术，到底哪一位最好呢？"

扁鹊答："长兄最佳，中兄次之，我最差。"

文王再问："那为什么你最出名呢?"

扁鹊答："长兄治病，于病情发作之前，一般人不知道他事先能铲除病因，所以他的名气无法传出去；中兄治病，于病情初起时，一般人以为他只能治轻微的小病，所以他的名气只及本乡里；而我是治病于病情严重之时，一般人都看到我下针放血、用药配药，都以为我医术高明，因此名气响遍全国。"

《黄帝内经》中提出"上医治未病，中医治欲病，下医治已病"，即医术最高明的医生并不是擅长治已经得病的人，而是能够预防疾病的人。水蛭养殖亦是如此思想。

水蛭一旦患病，等能够明显看出病症特征，能够判断出病症，就已经不能治，治不好了，在出现疾病苗头的时候应及时"扑灭"。养殖水蛭在疾病控制方面永远是以防代治，防大于治，也就是中医讲的治"未病"，预防疾病的发生。

舒展在池底的水蛭(状态比较好)

严重感染的水蛭

2.谨防"杀手螺"反杀"螺杀手"

(1)"杀手螺"反杀现象 在水蛭养殖过程中，有一个最不可控也最容易被人忽略的问题就是螺的来源问题，好多养殖高手也因此怏怏退场。在水体指标正常的情况下，尤其在投螺的第 2 天和第 3 天观察水蛭活动情况，如果逐步出现"躺底"或大量"月牙躺"现象，即水蛭蜷缩成月牙状侧躺于水底一动不动，且有水肿迹象出现，即是“杀手螺”在作恶。

吃坏螺蛳死掉的水蛭正在被螺蛳吃掉

水肿“月牙躺”现象

(2)“杀手螺”的真面目 人在吃了不新鲜的螺蛳或寄生虫没完全被杀死的螺蛳生病住院的消息屡见报道，更何况以螺蛳为主食的水蛭？“杀手螺”就是来自被污染的水域或放置时间长、活性不好的病螺甚至死螺。“杀手螺”的特点是水蛭一倒一大片，可谓“十步杀一人，千里不留行”。在投螺时一定要确认螺蛳的来源可靠，在下螺前若螺蛳有明显的腥臭味儿，需谨慎投螺！

吃坏螺蛳严重患病的水蛭

(3)“禁捕令”对饲料螺蛳的影响 饲料螺需求量大，与之相矛盾的就是“禁捕令”。大量的自然水域已经禁止捕捞，或者禁用“吸螺船”等进行大批量作业。导致多数小水域、河沟成了捕捞螺蛳的自由天地，虽然近些年环境治理力度逐步加大，多数水域有明显的改观，但小水域、小河沟的水体水质依然堪忧，这就导致饲料螺品质品控极不稳定的现象发生。

(4)饲料螺蛳的解决办法 除了有极可靠的螺蛳来源，另一个办法就是“自给自足”或土塘暂养。“自给自足”需要有螺蛳的养殖条件就可解决，螺蛳生命力顽强，繁殖能力强，利于自己养殖，从根本上解决了“杀手螺”问题。土塘暂养只是一个临时办法，即在非养殖季节螺蛳市场价格较低的时候，购入螺蛳进行土塘暂养，等用时打捞即可。

螺蛳土塘暂养

水蛭卷起正在吃螺蛳

3. 预防及治疗方案参考

(1)水蛭发病的主要原因 出现少量或极少量能看出患病苗头的不正常水蛭，应立即检测水体各项指标，找原因查问题。水蛭发病的主要原因有：水

发病的水蛭

温不稳，多是过高、密度过大、水体恶化有害物多、营养不良、螺蛳体质欠佳、螺蛳不好肠炎常发等。一旦出现患病苗头，除了查找水体原因及时换水外，就是及时应用杀菌抗菌药物。

(2)聚维酮碘用法用量　从7月中旬过后水蛭逐步进入性成熟期，天气炎热病菌会趁机繁殖，可定期对水体使用聚维酮碘进行预防性防控病菌病毒的发生，也可以对轻微症状的水蛭起到一定治疗作用。预防性用法用量：7月中旬前每10天使用1次，之后每7天使用1次，用量为刮布水池100～200 mL/100 m^2，水田网箱池1 000～1 500 mL/亩。轻微症状治疗性用法用量：刮布水池200～300 mL/100 m^2，水田网箱池2 000～2 500 mL/亩，隔天使用1次，连用2～3次。以上用量兑水稀释300～500倍全池泼洒。

(3)定期预防性治疗参考　使用恩诺沙星或阿莫西林进行预防性治疗：恩诺沙星每7天1次兑水稀释全池泼洒，用量为刮布水池150～200 g/100 m^2，水田网箱池1 600～2 000 g/亩，如果有水葫芦可用阿莫西林替代恩诺沙星同量使用。

(4)明显症状治疗性参考　前面讲过的水蛭疾病大多数为感染性疾病，如出现少量明显症状，或有不好的苗头出现，捞出严重病症的水蛭，用恩诺沙星联合阿莫西林，用量为刮布水池恩诺沙星、阿莫西林各200～300 g/100 m^2，水田网箱池恩诺沙星、阿莫西林各2 000～2 400 g/亩。以上用量混合兑水稀释全池泼洒，根据实际情况连用2天以上。严重患病的水蛭是无法进行治疗的，应及时从池中捞出，以防成为感染源。

(5)休药期　也叫消除期，是指动物从停止给药(多指抗生素)到许可屠宰或它们的乳、蛋等产品许可上市的间隔时间。休药期是依据药物在动物体内的消除规律确定的，就是按最大剂量、最长用药周期给药，停药后在不同的时间点屠宰，采集各个组织进行残留量的检测，直至在最后时间点采集到的所有组织中均检测不出药物为止。

(6)休药期计算方式　休药期中的单位“度日”是指水温与停药天数的乘积，如某种兽药休药期为500度日，当水温25 ℃，至少需停药20天以上，即25 ℃×20日＝500度日。休药期参考药品说明书，应按照药品说明书合法合规用药。

(7)注意事项 以上用量水体标准为，刀刮布水池水深50～60 cm，水田网箱池水深70～80 cm。根据养殖水深情况、实际症状适量加减。

使用不同厂家的药物，浓度含量不同，用法用量不同，请根据实际情况详细阅读说明书并在厂家的指导下进行合法合规用药。

在购买产品的时候，一定要注意是“水产专用”，因为好多产品有不溶于水的特性。加之水蛭养殖不同于其他水产养殖，无法用药品或者添加剂进行拌饲料、注射使用，或者根据体重使用，只能根据水体量大小泼洒于水中，大大影响吸收利用率，在产品的使用上，要达到一定效果，少量多次酌情加大或调节用量。

请备好称克电子秤、刻度量杯等精准计算用量，切勿凭感觉称重。吊笼模式的用法用量同水田网箱池，采用笼内喷洒的方式，可用“数笼法”计算面积，标准笼距下约1.7m^2/笼，并根据实际水深进行加减。

第八章

水蛭起塘干品制作与销售

Production and sales of dried leech from pond

一、水蛭起塘

1.天气选择

起塘一般在10月初至中旬进行，特殊情况如9月初至9月底水蛭大规模生病或者其他自然灾害，应立即起塘，选择在连续3天以上晴天起塘制作干品。如果难遇晴天，选择连续3天以上晴转多云也可。多云和雨天不建议起塘，不利于后面的吊干晾晒。

天气晴朗的10月初

2.仔细起塘

起塘需要特别地耐心、细心。起塘的第1步是先排干池水，露天养殖需扒开水葫芦等覆盖植物，在池底小面积小范围翻开螺壳等杂物逐步仔细查找，将水蛭捡起来放到深一些的塑料桶中，最后再将水葫芦、清理出来的底泥螺壳再仔细排查一遍。大棚和吊笼没有水葫芦等覆盖相对方便一些，分多次仔细捡出水蛭即可。

水田网箱养殖排干池水正在起塘

二、水蛭成品的制作方法

1.选择干品制作方法

水蛭成品（干品）的制作方法，可谓是眼花缭乱五花八门，归纳总结如下：生晒法、烘干法、水烫法、碱烧法、灰埋法、酒闷法、盐制法、石灰法等。第1种方法"生晒法"，制作出来的成品干品也就是我们平常说的水蛭成品最佳货品——"清水吊干"；其他方法多多少少都有第3种物质的参与，水蛭干品最终是作为中药材进入市场，所以不建议使用此法。在最终的成品交易中常常见到的有：清水吊干货、水烫货、矾货等，其中以清水吊干货品质最佳价格也最高，深受市场喜爱，水烫货次之，矾货价格远低于清水吊干货价格，也就是本文讲的有第3种物质过多的参与会影响药材品质，同时也会大幅度影响价格，不建议大家采用。

起塘堆放在一起的宽体金线蛭

2."清水吊干"的准备工作

(1)晾晒场地 如果量大有条件的情况下,可以用三角铁、钢管等焊接制作成吊干架,这个没有固定要求,可根据场地大小,分多层立体挂置,充分利用占地面积小的优势。也可以就地取材,用竹竿木杆等打桩。选择通风向阳的户外场地即可。

三角铁焊制的水蛭吊干架

晾晒在养殖大棚外的水蛭

(2)其他物料 选用直径 0.7～1 mm 或 22 号铁丝或钢丝，准备好手套、塑料锨、晾晒布等，工作台用旧木桌或木板。

3."清水吊干"的制作方法

(1)第 1 步串水蛭 将外表清理干净的水蛭用塑料锨放置到木板或木桌上，用准备好的铁丝，从水蛭的头部约 2 cm 处穿入。晾干的水蛭呈宽、扁、短微曲状；也可以从水蛭的尾端吸盘下约 1 cm 处穿入，这样穿入晾干的水蛭呈长、直、纺锤状，形状整齐漂亮。建议用第 1 种方式穿水蛭，挣扎的时间较短，分泌物减少有效成分含量高。根据晾晒架的长度逐个将水蛭穿成串儿，水蛭与水蛭间隔 0.5～1 cm。

用铁丝在木板上穿水蛭

吊干架晾晒的水蛭

阴天晾晒从尾端穿入的水蛭

晴天暴晒下的吊干水蛭

(2)第 2 步晒水蛭 将刚穿好的"水蛭串儿"挂在晾晒场地上,每 2～3 小时将挤成一团的挣扎中的水蛭手工分开一次,确保两两不要紧贴。气温高、太阳好的情况下,1～1.5 天即可脱水成形,表层晾干。如遇天气突然转阴下雨,可以将其转移至室内,用风机或电风扇进行吹风脱水。

(3)第 3 步捋下平晒 将多半干的水蛭条从铁丝上捋下来,以外表干燥内部欠干不粘手为准。一定要注意不要晒得太干了,太干会导致难以捋下或因折断影响品相价格。将捋下来的半干水蛭条平铺在晾晒布上在太阳底下晒干，用手掰易折断即可。

从尾端穿入晾晒多半干的水蛭

(4)第 4 步贮藏 用蛇皮袋，最好用防潮袋、抽真空密封袋将干水蛭抽真空密封，放置在阴凉通风处，避免返潮、发霉、虫蛀。短期存放用普通的蛇皮袋即可，也可以用冰箱或者冷库进行长时间保存。

准备装袋的清水吊干成品

(5)优质干水蛭标准　个头大，呈自然扁平纺锤形，背部稍隆起，腹面平坦，质脆易折断，断面呈胶质状，有光泽、无明显腥臭味者为佳。

从尾端穿入晾干的水蛭呈长、直、纺锤状

从水蛭的头部穿入晾干的水蛭

(6)折干率 正常情况下水蛭当年苗可以养殖到一尾重 15 g 左右，有的会达到一尾 20 g 以上，鲜货 30～40 尾/斤，5～6 斤鲜货可以晾晒出 1 斤清水吊干货。

精品条形的宽体金线蛭干品

4.连阴雨天气应急方案

(1)专业烘干房 比较大的养殖场有自建的烘干房，或附近有烘干房的有代烘干的业务，可以解决此类问题。

(2)临时烘干房 也可以自建临时烘干房，效果赶不上专业烘干房，但对于中小规模已经足够。购买大功率的工业电暖热风机，例如 5 kW 功率的可供 15～20 m^2 的房间做烘干用，价格 800～900 元，经济实惠。其他步骤和太阳暴晒是一样的，只是都在烘干房里进行，温度控制在 35～45 ℃，烘干后拿出摊薄通风散热、散去剩余湿度即可。

5.“清水吊干”注意事项

在完全没有太阳的阴天或者阴雨天，不建议自然吊干。这样会导致水蛭脱水死亡时间过长，或难以干透发霉腐变，或干品呈蚯蚓一样的细长条状，影响品相。

6.养殖季过后的善后工作

一个养殖季收获结束后，养殖区可断水、断电并做好安全防范。刀刮布水池清池并续上水，利用水的支撑力防止土池坍塌。吊笼养殖，将吊笼回收用高压水枪清洗晾干后，堆放起来，注意室内通风同时防霉防鼠害。水田网箱养殖，网箱体积较大清洗不方便，可先将网箱悬挂于钢丝拉线上，经过几场雨淋后再用高压水枪清洗、晾晒，室内通风堆放来年备用。

网箱悬挂于钢丝拉线上等雨

三、销售

1.干品销售

近几年水蛭一直是紧俏货，供不应求，这也是很多人看好这个行业的原因，只有养殖风险，没有销售风险。水蛭的销售比较简单，大多数没有销售门路的养殖户，可以直接将干品卖到安徽亳州等知名中药材市场，或在当地的代购点进行销售，在湖北、江苏等水蛭养殖成熟区域，每年收获季节均有商贩主动上门收购。水蛭干品每年的价格有小幅度的波动，如遇到价格不理想，不着急变现的情况下可以等几个月，干品存放周期长，时不时地选择比较好的天气再次晾晒，等到价格理想再出售。

2.水蛭干品销售全国主要中药材交易市场介绍

(1)安徽亳州中药材商品交易中心 是目前全球最大的一站式中药材交易中心，全国首家大宗中药材现货交易平台，项目总占地1 530亩，建成线下智慧市场12万m^2，配套仓储物流43万m^2。立足中药材全产业链，通过“平台＋实体”，以“统一质检、统一仓储、统一包装、统一购销、统一结算、统一管理”的“六统一”运营模式，运用“中药材＋互联网＋仓储物流＋质量检测＋金融服务＋产业配套”全新商业模式，建设12万m^2线下智慧市场、中药材类大宗电子交易平台、中药材电商平台，打造线上与线下相结合的全新交易体系、仓储物流体系、质量检测体系、金融服务体系、中药材大数据库及全产业链溯源体系，推动传统中药材交易转型升级，服务中药材实体经济和人民健康。

地址：安徽省亳州市经济开发区魏武大道与亳芍路交叉口

官网：http://www.zbdcme.com

客服电话：0558-5027682

(2)安国中药材批发交易市场 安国中药材批发交易市场是国家认定的17家中药材专业市场之一，被评为全国百强市场第2名，是中国北方最大的中药材专业市场。该市场占地1.5 km^2，建筑面积约60万m^2，分上下两层，内有药商门店 780 余户。“药都”安国市古称祁州，是全国最大的中药材集散地，素有“草到安国方成药，药经祁州始生香”的美誉。改革开放以来，特别是近年来，安国市委、市政府大力实施“以药兴市、科技兴药”的发展战略，初步形成了“产加销”一条龙、“科工贸”一体化的药业特色经济新格局；全市药材种植常年保持在 13 万亩以上，药材产量占河北省 75%以上；占地 2 000 多亩的全国规模最大的中药材专业市场——安国中药材批发交易市场有药行近 300 家，中心交易大厅摊位 4 000 多个。

地址：河北省保定市安国市环城路会展东街和会展南路交界会展中心

官网：http://www.anguozhongyaodu.com（移动端“安国数字中药都”小程序）

客服电话：0312-3368222　0312-6196188

(3)成都荷花池中药材专业市场　成都国际商贸城荷花池中药材专业市场是成都国际商贸城的首推项目，占地面积 142 亩，建筑面积 20 万 m^2，市场内设 4 000 多个展位。历经 30 年风雨，经过 4 次产业升级，2009 年 8 月 6 日，全省唯一、全国 17 家之一的中药材专业市场——荷花池中药材专业市场已整体迁入成都国际商贸城，正式拉开荷花池中药材专业市场新一轮产业升级序幕，是城北商圈提档升级的开篇之作。成都荷花池中药材专业市场采用地下、地面和屋面三种停车方式，紧贴市场东侧和西侧各设置了一条直跑式车道，可直接到达市场二层及屋面停车场，立体交通系统使车流、人流、物流形成立体流通，解决传统商业市场不同楼层之间商业价值的巨大差异问题，使商业价值最大化。采用现代化的商铺设计理念，中央空调、专业的通风采光设计和自动关合玻璃顶棚等现代化设施，使市场成为国内最大的、唯一的“会呼吸的中药材市场”。

地址：四川省成都市金牛区聚霞路 1 号

官网：http://www.ysindex.com

客服电话：028-83586666

(4)江西樟树中药材市场　江西省樟树市在唐朝即辟为药墟，宋元时形成药市，明清时期臻于鼎盛，终成“南北川广药材之总汇”的大气候。自古以来就有“药不到樟树不齐，药不过樟树不灵”的美誉。镇郊的阁皂山是一个天然药场，绵延 200 余里，草木丰茂，盛产各种药材，其中动、植物药材和矿物药材达百余种。唐代，药材的交流日益频繁，樟树镇的药材集散初具规模。本地出产的枳壳、枳实、陈皮、苏叶、荆三棱、黄栀子、前胡、白前等有较大批量的外销。邻近州县的地道药材也开始在樟树集中转运。两粤、蜀、鄂、湘等地的药材经大庾岭路和赣江、袁河，陆续运到樟树镇交易。于是，樟树镇便设有专门进行药材交易的药墟。墟场上曾立一石碑，上书“药墟”二字。药墟的开辟使药材交易有了固定的场所，也有了固定的时间。药材摊贩、药材商人逢墟日赶集。樟树镇的药商在药墟修建起店面，前柜看病、卖药，后柜制药，谓之“前店后坊”。2001以来，樟树开始规划建设一个档次高、规模大、硬件设施一流的中药材专业市场。市场规划面积为500亩，建筑总面积达25万 m^2，拥有集商贸、仓储、居家为一体的店铺1 000余套，设有功能齐全的现代化电子商务交易大厅，以及休闲广场、阳光草坪、景观大道等配套设施。

地址：江西省宜春市樟树市药都南大道

客服电话：0795-7376971

(5)山东鄄城舜王城中药材市场 舜王城中药材市场是经国家批准的全国17家中药材专业市场之一，也是山东省唯一的国家级中药材市场。市场占地面积14万 m^2，建筑面积近6万 m^2，拥有固定门店460个，摊位1 000多个，经营品种1 100多个，年经销各类中药材4万余t，成交额3亿多元，一些优质地产中药材如丹皮、白芍、白芷、板蓝根、草红花、黄芪、半夏、生地、天花粉、桔梗等享誉海内外。全国20多个省市的客商云集于此，是继安徽亳州、河北安国之后的全国重要中药材集散地。为进一步加快市场建设步伐，提高管理水平，实现中药材产业的快速持续发展，拟在原有基础上规划建设占地5 000亩的新市场，分为占地20 000 m^2、拥有2 000个摊位的中药材营销区，占地1 000亩的中药材饮片加工区，占地200亩的商贸服务区，占地500亩的中药材高科技种植示范基地，使舜王城中药材市场成为一个布局合理、功能齐全、管理规范、设施配套的现代化中药材大市场。

地址：山东省菏泽市鄄城县彭楼镇刘举人庄村

客服电话：0530-2459925

第九章 饲料螺蛳养殖概要

Summary of feeding snails

一、螺蛳品种的选择

1.自给自足的未来之路

螺蛳的品种较多，最常见的淡水螺有福寿螺、田螺、石螺、钉螺，但是养殖水蛭可用的螺蛳品种并不多。在前面的内容中多次提到螺蛳的来源、优质螺蛳的重要性，以及螺蛳是水蛭养殖过程中最不可控的因素等。加之野生饲料螺蛳的规模获取难度逐年增高，价格也是随之提高。加上饲料螺蛳品控不可控等因素，对于有土地资源、场地资源的养殖户，如果想稳定收益，自养螺蛳是未来养殖水蛭的必经之路。

正在交配的福寿螺

黄褐色的福寿螺与水草中的石螺

水蛭正在吃石螺

2. 饲料螺蛳主要品种——石螺

石螺体形比田螺小，在观感比例上稍显长，多附在水中石头等硬物上，加之螺壳坚硬，故称石螺。石螺也是营养丰富的风味美食，因大小合适且繁殖速度快，是水蛭的理想饲料。多生活在溪水、河流、湖泊、池塘等岸边浅滩中，以藻类、苔藓、腐殖、水草等水生植物为食料，具有两栖本领。和田螺一样，石螺也是可以养殖的，而且它很少生病，易养殖。在我们养殖水蛭的过程中，能够买到的 95%以上的饲料螺品种就是石螺，因其繁殖速度快，适应能力强，食谱较为广泛，非常适合自养自足。

大田螺

石螺

3.漂螺

漂螺(浮螺)在市场价格上有明显优势,也是水蛭养殖的饲料之一,因其没有螺盖,对大小水蛭都没有威胁性,大小水蛭均可以喂食。但它对养殖环境水体有更高的要求,只适合在有条件的,有流动水域和水草生长旺盛的环境养殖。

二、石螺的养殖

1.石螺的繁殖规律

石螺是一种卵胎生动物,其生殖方式独特,石螺的胚胎发育和子螺发育均在母体内完成。从受精卵到子螺的产生,大约需要在母体内孕育一年时间。石螺通常分批产卵,石螺的良好生殖期是在3—11月间,每年3—4月开始繁殖,在产出子螺的同时,雌、雄亲螺交配受精,同时又在母体内孕育次年要生产的子螺。一只母螺全年产出100～150只子螺。石螺在一年中的怀胎产仔高峰期为6月上旬、8月中旬和9月下旬。

鲜活石螺的肉质

2.养殖场地的要求

石螺适应能力强,疾病少,要避开农药、化肥毒害,适合人工养殖石螺的地方很多,比如在水深30 cm以上至4 m以下的水田、水沟、鱼圹、沼泽田、小溪、小型水库等均可养殖，且能适应肥水环境。若是开阔的水体，池塘四周种植一些长藤瓜菜搭棚、空心菜、水花生等遮阳。无论在哪养殖，养殖池必须具备如下要求：

①底部必须有一定厚度的淤泥，厚度 5 cm 以上。

② pH 6.5～7.5、氨氮 0～0.1 mg/L、亚硝酸盐 0～0.005 mg/L、溶解氧 3.5 mg/L 以上。

③最佳生长繁殖温度 15～28 ℃。

④流动活水最佳，或者能够有效地曝气增氧。

⑤深水水下有供石螺的栖息物，如腐烂木条、松木等。

⑥最浅水深 30 cm，并且可以加深到 1 m 左右降温，或通过水循环降温（像 2022 年夏季这样的极端高温天气，多地气温、水温都超过 40 ℃，很容易造成大面积因高温而死亡）。

3. 投种

(1)投种前的准备 石螺投放前 10 天，用生石灰或漂白粉对池塘进行彻底消毒；生石灰干池消毒用量为 60～70 kg/亩，带水清塘（水深 1 m）用量为 135～165 kg/亩，化浆后全池泼洒；漂白粉干池消毒用量为 10～12 kg/亩，带水清塘（水深 1 m）用量为 13～14 kg/亩，溶解后全池泼洒，清除野鱼虾和其他杂螺，3～4 天后在水体堆放有机肥料和繁殖饵料生物供石螺摄食。

(2)投种时间 一般在非养殖季节投种，如每年的 3 月中旬至 5 月份，10 月中旬至 12 月份；选择在此季节投种的最大原因是非养殖季节饲料螺蛳没有大量上市，且市场需求量相对不大，价格相对便宜，而且处于春秋低温季节，方便螺蛳安全运输。采购螺蛳统货即可，均匀地撒到养殖场地中，切不可出现堆积，盲目堆积会导致活性不强的螺蛳缺氧死亡。

3 月份运输来的种螺

已装在养殖船中准备散撒的种螺

4.投种密度

石螺放养密度可根据具体情况而定，如果在水田、鱼圹、沼泽田等自然水域养殖，一般自然粗放水体中投放种螺 0.1～0.5 kg/m^2，精养池可增大投种量 2～3 倍。

正在给养殖水面投放螺丝

5.投料饲养

石螺喜栖息于底泥富含腐殖质的水域环境，如水草繁茂的湖泊、池沼、田洼或缓流的河沟等水体中，常以泥土中的微生物、腐殖质、水中浮游植物、幼嫩

养殖在水田中的石螺

水生植物、青苔等为食，也喜食人工饲料，如蔬果、菜叶、米糠、麦麸、豆粉（饼）和各种动物下脚料等。石螺耐寒畏高温，其生活的适宜温度为 15～28 ℃，水温低于 12 ℃或高于 30 ℃即停止摄食，钻入泥土、草丛避寒避暑。当水温超过 40 ℃，石螺即被烫死。

自然水域中粗放的养殖方式只需保持水体肥度，每隔一段时间施放适量的厩肥、鸡粪、牛粪、猪粪、豆粕、酒糟或稻草等有机肥料即可满足石螺生长需要。若放养在肥沃的鱼圹、水田中可不必专门投饲；若养在瘦脊或专挖的水池时，或在高密度精养情况下，则必须投人工饵料。石螺对营养要求不高，由 60％的米糠、20％的麦麸、10％的豆饼和 10％的玉米粉配制的人工饲料即成石螺的上等饲料。具体投喂方法是：在种螺入池前 3～4 天，沿池塘四周成堆状放入畜禽粪，用量为 200～300 kg/亩。种螺入池后，每隔 10～15 天增加施入 1 次畜禽粪，而此时的投放地点不能仅局限于池塘四周，还应包括池塘中部位置，每次的增加施粪量为 50～100 kg/亩。

发酵后装袋准备投喂给石螺的干牛粪块

根据石螺进食情况和气候情况，在生长适宜温度内，即 20～28 ℃时，石螺食欲旺盛，可每 2 天投喂 1 次，每次投饲量为体重的 2％～3％。水温在 15～20 ℃、28～30 ℃时，每周投喂 2 次，每次投给 1％左右。当温度低于 15 ℃或高于 30 ℃时，则少投或不投。

以上投喂方式只适合没有其他生物，如鱼、虾的情况下进行精养投食，如果水中有杂鱼杂虾等其他非养殖对象的粗犷式养殖，就不可以把饲料直接投到养殖池中，螺蛳的进食较慢，这样很快饵料就会被鱼虾抢食一空造成浪费。遇到这种情况可以将饲料装入蛇皮袋中每袋 50～60 斤，将袋子四周扎 4～6 个洞然后投入养殖池中，大面积水域可投放在近岸边处，这样其他的鱼虾就不会过多的抢食螺蛳饲料，蛇皮袋中的饲料在水中浸泡慢慢挥发，同时能增殖水中其他微生物以供螺蛳食用，起到肥水又不浪费的作用。每亩水面投喂1袋，每10～15天更换1次。

6.日常管理

严禁流入受农药、化肥污染的水源；防止鸭、蛇、鼠、鸟等敌害侵入；及时清除水中杂草和草根。平时采取微流水形式，保持水位在30 cm以上。高温季节要加深水位，且经常冲水，防止水温偏高；保持水体透明度30 cm左右，如水质偏瘦则要增加肥料，如水质过肥则要进行换水；每隔1周要泼洒1次生石灰（水深1 m时用量为10～20 kg/亩），用于水体消毒、调节水体pH和增加水体的含钙量。

坚持每天巡塘1次，检查石螺生长情况、饵料生物丰欠情况及水质肥瘦情况等。在养殖过程中，如发现螺厣吸入螺壳内较深，说明饵料生物不足，应增加投喂量，如发现螺厣四周有螺肉挤出，说明螺体已经缺钙，应增加水体和饲料中钙的含量。在石螺产仔阶段，要经常翻动成堆状的鸭粪，防止子螺钻入其中致死。

养殖池中的石螺

7. 病害防治

石螺的抗病力较强，在整个养殖过程中仅发现螺壳表面附有藻类和固着类纤毛虫，此类疾病可用福尔马林或高锰酸钾治疗，具体方法是：5～10 mL/m^3 浓度全池泼洒福尔马林，24 小时后进行大量换水；或在换水后以 0.5 g/m^3 浓度全池泼洒高锰酸钾，第 3 天再泼洒 0.2～0.5 g/m^3 的三氯异氰脲酸。

石螺壳上的寄生物

8. 石螺的捕捞

水蛭的饲养过程中需要大量的饲料螺蛳。如果是比较浅的水域可用螺蛳耙网、推网进行人工打捞。如果是超过 1.5 m 大面积深水水域可用机动船拖网的方式进行打捞作业。也可以用机动船吸螺真空泵进行打捞，但要注意真空泵的压力吸力，真空泵吸力太大会把个体稍大的螺壳打碎、打伤或者受内伤，可以用延长吸螺管道的方式缓冲真空泵的压力，或吸螺真空泵的动力油门不要开的太大。

浅水人工捕捞螺蛳的钯网

养殖捕捞螺蛳的轻型拖网

湖库养殖捕捞螺蛳的船用重施网

9.越冬管理

寒冷天气石螺进入泥土冬眠，此时每周换水 1～2 次。冬季夜间提高水位，白天降低水位，让阳光直射升温，保持适当的含氧量。同时还要施一些厩肥，以提高温度，培肥水质以利石螺越冬。石螺对农药、除草剂、石油类和工业污水很敏感，应注意做好防避。含氯的自来水亦不宜用来养殖。

第十章 水蛭养殖常见问答

FAQ on leech farming

1. 问:井水、山泉水可以用来养殖水蛭吗?

答:可以的,但是井水或者山泉水必须先用蓄水池做好调水工作,再引入养殖池中。很多地方的井水会出现氨氮、亚硝酸盐、重金属等超标、pH 高的现象,需要重新调水养水才能使用。同时井水水质偏瘦,无藻类,需要培藻、培菌肥水处理。

2. 问:水蛭养殖池塘可以用发酵过的动物粪便来肥水吗?

答:尽量不要使用动物粪便来肥水,有细菌、病菌、重金属等其他有害物质,绦虫等大量的寄生虫,后期会寄生在水蛭体内。

3. 问:水蛭养殖池塘中水面有一层油膜要怎么处理?

答:水中有益菌群失调,底部有机质增多,高温天气,水体环境不平衡,水体长时间溶氧不足,pH 会上升,死藻上浮造成油膜现象。处理方案为改底、增氧、调水,如不能清除,用阿莫西林比预防用量多 50%,兑水稀释后全池泼洒有特效。

养殖池水面一层黄色油膜

4.问:蓄水池水面上有一层绿色的藻类漂浮物怎么处理?

答:这是出现了蓝藻水华现象。采用生物消除法,在蓄水池中养少量的花白鲢、草鱼、鲫鱼等食草性较强的鱼类,不仅可以消除藻类,还可以给它们当做营养吸收。这种方法是最绿色最环保的,但效果不是很快,有蓄水池的养殖户,可以提前放鱼预防,但不可放多以防耗氧过多。物理消除法,人力清除和注水排出,顾名思义就是通过人工捞出蓝藻;注水排出方法需在有大风天气时使用效果明显,具体是在大风天气时注入新水,在下风口挖出一条小沟渠,深度以水体能带动藻类流动流出即可。这种方法不仅可以排出表面绿藻,同时由于新水的注入,水体得到相应的更换,水中含氧量提高,整个水池的生态平衡可以得到相应的补充。化学消除法,用复合芽孢杆菌进行清除或用二氧化氯进行消杀清除,清除完后在池中培菌并补充硅藻和小球藻种,让有益藻类占主导地位。

5.问:蓄水池水面形成了泡沫状的黄色、绿色漂浮物该怎么解决?

答:养殖中期,水面难免会出现一些漂浮物,有的是绿色,有的是黄色,有的是黑色;有的一天之内还呈现出不同的颜色;有的池塘还会出现有时有,有时没有;或是早上没有,到了下午就出现厚厚的一层,这就是以裸藻为主的水华。裸藻又称眼虫藻,同金藻、甲藻、隐藻和绿藻一样,都是具有鞭毛的藻类,可以在水体中运动。所以我们经常会发现,有的池塘太阳还没有出来时,水面很干净,到了中午或是下午,太阳直射水面时,水面会出现一层油腊,这是因为裸藻能运动,跑到了水层的表面,以便能吸收到更多的能量。可以用复合芽孢杆菌和 EM 菌来抑制有害藻的生长,也可以用二氧化氯进行消杀清除,同时给水体补充硅藻和小球藻,让有益藻类占据主导地位就不会发生水华现象。

6.问:水蛭养殖过程中出现倒藻的情况该怎么办?倒藻的危害?

答:所谓倒藻是养殖水体中藻类大量死亡,导致水色骤然变清、变浊(有黄浊、白浊和粉绿色的混浊之分),甚至变红的一种现象。发生"倒藻"时,首先,溶解氧会下降,二氧化碳会增加,pH 迅速下降;其次,大量的死藻分解,除加大耗氧外,还会产生氨氮和亚硝酸盐;第三,水中的原生物会大量繁殖,反过来抑制藻类的生长。倒藻容易引发缺氧、中毒、底热等情况的出现。处理不好会引发水蛭的死亡。应进行消杀改底、换水、果酸解毒、培藻肥水,培菌防病处理。

7.问:水蛭养殖过程中可以把水全部排掉换新水吗?

答:不建议全部换掉,全部排掉换新水容易导致水蛭应激过大,建议换 1/2 左右的水,加之长时间巡水对冲稀释坏水,并做好抗应激工作。

8.问:水蛭养殖池塘中的水太肥怎么解决?

答:有两种方法可以根据情况选用,一是注清水进行冲淡稀释,二是用二氧化氯进行杀菌除藻并解毒。如果水的指标不正常或者发臭那就必须进行换水、改底。

9.问:下螺后,池水为什么变清了?

答:螺蛳本身具有净水功能,以水中浮游生物为生,而且是池塘中耗氧量最大的物种。水变清了，需要补藻肥水，同时投喂螺蛳后多做水循环让给水体增氧。

10.问:露天网箱养殖水蛭种什么水草比较好?

答:种植水葫芦类的浮水植物。

水葫芦

11.问:水蛭养殖池塘如何做好清塘工作?

答:清塘是养殖前期非常重要的环节，水田土塘做好清塘工作为后期养殖确保产量打下基础。杀菌除虫:池塘水抽干暴晒，使用生石灰 40 斤/亩全池抛洒耕翻，5～7 天后进 20～30 cm 深水后，静置 7 天以上排出即可。刀刮布水池和吊笼清洗并用二氧化氯消毒。

12.问:如何通过看水色辨别水的好坏?

答:水色，基本来自各类浮游植物的综合反映，养殖池出现浮游植物的种类和数量不同，水体所呈现的颜色和浓度也不同。可通过水中颜色和透明度判断水质的“肥、活、嫩、爽”。常见的水色有优质水：茶褐色、黄绿色、淡绿色、翠绿色。中等水：墨绿色、蓝绿色；劣质水：酱油色、黄色、白浊色、红褐色、黑色。水色遇到天气突变、干旱、洪涝、泥石流等也会变化。在没有外力干扰下，养殖水体的水色，即水质的“肥、活、嫩、爽”是由藻类决定的。

水蛭养殖池呈现红褐色的劣质水

蓄水池呈现黑色的劣质水(正在排水准备换水)

13.问:常见藻类有哪些,分别有什么作用?

答:淡水养殖水体中主要是微藻类,微藻分为八大门类。绿藻门:小球藻、栅列藻、卵囊藻、纤维藻、盘星藻、水棉、刚毛藻等;硅藻门:小环藻、针杆藻、菱形藻、羽纹硅藻等;蓝藻门:微囊藻、鱼腥藻、蓝纤维藻、颤藻、席藻、螺旋藻等;裸藻门:绿裸藻、壳裸藻、梭裸藻等;甲藻门:裸甲藻、光甲藻、角甲藻等;黄藻:门黄丝藻等;隐藻门:隐藻、蓝隐藻等;金藻门:小三毛金藻、单鞭金藻、双鞭金藻、钟罩藻、黄群藻等。另外还有一些大型藻类,红藻、褐藻、轮藻。

(1)绿藻门 绿藻门也称绿藻,含叶绿素 a、叶绿素 b,具有与高等植物相同的色素和贮藏物质,因此通常把它们认为是陆地植物的祖先。绿藻门不同于其他真核藻类,它的储存物质在叶绿体而非细胞质中合成,通常在蛋白核的参与下合成淀粉。叶绿体周围没有叶绿体内质网。绿藻门主要为淡水藻类。这也是我们水体当中常见的藻类。

用绿藻（小球藻）培育的翠绿色水体

(2)硅藻门 硅藻普遍分布于淡水、海水和湿土中，大多数生活在海水及半咸水中，是鱼类和无脊椎动物的食料。浮游硅藻是养殖水体中主要的初级生产力。大多水生，几乎在所有的水体里都可生长，只有极少数生活在陆地潮湿处。分类学家们一般认为硅藻来源于鞭毛藻，为一个特殊的分支。

(3)蓝藻门 蓝藻是最简单、最原始的绿色自养植物类群。植物体或单细胞、多细胞丝状群体。蓝藻细胞中的原生质体不分化成细胞质和细胞核，而分化成周质和中央质，所以只有原始的核，而没有真正的核（缺乏核膜），是原核生物。周质中没有载色体，但有光合片层，含有叶绿素 a 和藻蓝素（故植物体常呈蓝绿色），有的还有藻红素而呈其他颜色。中央质具染色质。蓝藻淀粉为储藏物质。蓝藻门植物的繁殖方式主要有营养繁殖和无性繁殖，无有性生殖。营养繁殖是通过细胞的随机分裂，故蓝藻又称裂殖藻。群体和丝体的种类常形成藻殖段发育个体。藻殖段是从丝状体中某些细胞死亡处、异形胞处或从 2 个细胞之间分泌胶质形成的隔离盘处产生，也可以机械地断为许多小段。无性繁殖多数产生厚壁孢子，是藻体内的营养细胞体积增大，细胞壁加厚，积累营养物质而成的。厚壁孢子可长期休眠，渡过不良条件，等到环境适应时再发展新的个体。

(4)裸藻门 除胶柄藻属外，都是无细胞壁，有鞭毛，能自由游动的单细胞植物，以细胞纵裂的方式进行繁殖，大多数分布在淡水，少数生长在半咸水，很少生活在海水中，特别是在有机质丰富的水中生长良好，是水质污染的指示植物，夏季大量繁殖使水呈绿色，并浮在水面上形成水华。裸藻有两个属生活在两栖类的消化管内。

(5)甲藻门 甲藻是藻类植物的1门，除少数裸型种类外，都有厚的主要由纤维素组成的细胞壁称为壳。甲藻门中约有130属1 000多种，多数为海产种类，少数产于淡水及半咸水水体中。

(6)隐藻门 隐藻是一大类的藻类，大都具有色素体，淡水中常见。细胞大小为10～50 μm，形状扁平有两个稍微不等长的鞭毛。一个显著特征是能寄生于红藻中，形成一种内共生关系，并把藻胆素带给宿主。

(7)黄藻门 黄藻是一类属于不等鞭毛类的藻类生物，为单细胞、群体、多核管状或丝状体。细胞壁含多量果胶质。运动的个体和运动孢子具有2条不等长鞭毛，极少数具有1条鞭毛。色素体中含有叶绿素a、叶绿素C、β-胡萝卜素及叶黄素。色素体常呈黄绿色，1个或多个，盘状或片状。少数为带状或杯状，多数种类为单核。同化产物为油滴、金藻昆布糖及脂肪。约有75属370多种。

(8)金藻门 藻体为单细胞、群体和分枝丝状体。多数种类的藻体无细胞壁，具眼点、有鞭毛，能运动；载色体黄绿色、金黄色或褐色；储藏物质为金藻糖或脂滴。细胞有蜘蜡，壁常为套合的两半；主要以细胞分裂、群体断裂成片等方式进行繁殖；多分布于淡水，一般在温度低、有机质含量少、微酸性水体中生长较多。

14.问：哪些藻类有利于水蛭养殖？

答：藻类是水产养殖中第一生产力，是水池生态系统能量流动和物质循环的初始，也是最重要的一个环节。藻类在水产养殖生产中具有两面性，可分为有益藻和有害藻。其中，有益藻为硅藻、绿藻和隐藻；有害藻包括蓝藻、裸藻、甲藻和金藻。在水蛭养殖中以硅藻为主绿藻(小球藻)为辅,以这两类藻为主要培养对象。

15.问:种蛭钻土慢甚至不钻土且出现死亡是什么原因?

答:钻土慢是环境变化或不适应及气温回升导致的。不钻土且出现死亡是因为种蛭受伤或者患病所致。

16.问:水蛭养殖塘中出现很多小瓜虫该怎么办?

答:小瓜虫因为自身有膜包裹着所以比较难处理,但是不建议使用杀虫药杀虫,会影响水蛭,需降低水位提高水的温度到 23 ℃以上,水温在 23～25 ℃时,小瓜虫就会消失。

17.问:水蛭身上出现黄豆大小的水泡是怎么回事?

答:气泡病,水蛭身上的水泡是由于渗透压过大所致,水体中的氨氮及溶氧量过高会导致渗透压过大。气泡病需要注意后期细菌的继发性感染引起的死亡。

18.问:水蛭吸壁扒边且吸盘变大发白是什么病?怎么治?

答:水蛭吸壁扒边,最主要的因素是应激过大或底热缺氧。吸盘变大且发白主要是缺钙伴有气泡病,可定期使用多维补充钙及微量元素。

19.问:水蛭出现皮肤感染的情况,该怎么办?

答:定期使用聚维酮碘消毒杀菌,每年 4 月份的时候这种情况比较多,间隔 2 天后再使用恩诺沙星。

20.问:水蛭养殖过程中如何做好抗应激?

答:定期抗应激非常重要,能减少水蛭肠炎、水肿、僵硬、消化不良等病害的发生,促进生长。在养殖过程中如遇小苗下水、分池、换水、常流水水体指标变化、污染、天气变化、日夜温差大、病害的发生等,都需要进行抗应激处理。

21.问：水蛭交配后出现了死亡，并且生殖器外露是什么原因？

答：水蛭交配后出现死亡主要是因为在交配的时候生殖器外漏，被水中的细菌感染而导致的死亡，因而在水蛭交配期建议定期使用聚维酮碘、恩诺沙星来预防细菌滋生感染。

22.问：水蛭的肚子变大是什么原因？

答：水蛭肚子变大原因的主要有两种，一是肠炎型腹水，水肿病的一种。主要是由于前期应激过大，采食量和消化不平衡所致，这样容易形成应激性肠炎及腹水。此种情况可按照肠炎的方法进行处理。二是肠道里面有寄生虫，是吃了感染寄生虫的螺蛳所致。下螺前一定要用聚维酮碘对螺进行浸泡消毒。

23.问：水蛭养殖过程中高温天气注意哪些事项？

答：高温天气应加深水蛭养殖池的水位，露天养殖如果水温超过 30 ℃，要立即做好遮阳降温措施，并做好日常调水改底工作。

24.问：引进水蛭苗时，如何降低由于长途运输导致的水蛭苗损失？

答：水蛭苗在运输过程中一定要提前做好抗应激措施和留有充足的氧气。如果水蛭苗出现了应激反应并造成肌肉萎缩将会直接导致水蛭后期生长缓慢。在捕捞前的 2～3 天就应提前做好抗应激工作，分池下苗前 1～2 天给新池也提前做好抗应激工作，用来帮助水蛭快速适应环境，增强活力。此外在运输过程中尽量保持低温恒温。

25.问：水蛭没有活力，进食少该怎么解决？

答：由于水蛭养殖进食比较单一，所以需要定期补充维生素，微量元素等来增强体质。帮助幼蛭生长诱食开胃促消化，减少后期水蛭发病的情况。水蛭进食少时，首先观察水蛭是否有疾病发生，如果有疾病发生应先治疗控制疾病；如果没有疾病可使用多维、乳酸菌给水蛭开胃诱食排毒解毒，增强活力，同时要注意观察保持水体的溶氧量。

26. 问：连降雨天气水蛭浮在水面是什么原因呢？

答：连降雨天气易气压骤变，从而导致水体缺氧和水蛭出现一定的应激反应，缺氧时水蛭会浮出水面，趴边不下水，此时可以长时间巡水或曝气增氧。

27. 问：可以往水蛭养殖塘撒盐杀菌消毒吗？

答：不可以，盐的剂量把握不好的话，容易造成水蛭应激，出现脱粘现象。

28. 问：开口苗只吃漂螺吗？

答：不是，小米螺、漂螺都可以，只要不大，不会伤害水蛭都可以。

29. 问：网络上很多店家卖的水蛭干品为什么比收购价还便宜？

答：普通老百姓很难分清水蛭品种，也分不清是用什么方法制作的干品，一般多为“矾货”冒充“清水吊干货”，“矾货”顾名思义是用明矾制作的水蛭干品，可以起到增重、防腐的作用，主要以增重为目的。

30. 问：“清水吊干货”与“矾货”的区别？如何鉴别？

答：“清水吊干货”在光线下有光泽度和反光，“矾货”因为沾了白矾而无明显的光泽度，逊色很多，两种货在一起比较差异明显。“清水吊干货”一般都个体发厚卷曲弓状或呈自然扁平纺锤形，颜色发深；“矾货”一般是扁片型平板状，这是因为“矾货”是在容器中按照一定比例一层水蛭一层白矾“腌制”出来然后再晒干的，所以是压成了扁片型平板状，并在表面呈现出白矾析出的浅白霜。“清水吊干货”一般相对腥味较浓，如果在晒制过程遇到天气不好会有腥臭味，“矾货”则没有，有白矾的味道，将水蛭中间折断，用舌头舔，这样最易分辨。